普通高等教育茶学专业教材

茶叶生物化学实验指导

杨晓萍 主编

中国轻工业出版社

图书在版编目（CIP）数据

茶叶生物化学实验指导/杨晓萍主编．—北京：中国轻工业出版社，2022.9
ISBN 978－7－5184－4058－0

Ⅰ．①茶…　Ⅱ．①杨…　Ⅲ．①茶叶—生物化学—化学实验—高等学校—教材　Ⅳ．①TS272－33②S571.101

中国版本图书馆 CIP 数据核字（2022）第 117224 号

责任编辑：贾　磊　　责任终审：劳国强　　封面设计：锋尚设计
版式设计：砚祥志远　　责任校对：宋绿叶　　责任监印：张　可

出版发行：中国轻工业出版社（北京东长安街 6 号，邮编：100740）
印　　刷：河北鑫兆源印刷有限公司
经　　销：各地新华书店
版　　次：2022 年 9 月第 1 版第 1 次印刷
开　　本：787×1092　1/16　印张：10
字　　数：230 千字
书　　号：ISBN 978－7－5184－4058－0　定价：39.00 元
邮购电话：010－65241695
发行电话：010－85119835　传真：85113293
网　　址：http：//www.chlip.com.cn
Email：club@chlip.com.cn
如发现图书残缺请与我社邮购联系调换
210077J1X101ZBW

本书编写人员

主　编

杨晓萍（华中农业大学）

参　编（按姓氏笔画排序）

金　珊（福建农林大学）

周继荣（华中农业大学）

段红星（云南农业大学）

黄莹捷（江西农业大学）

曾　亮（西南大学）

前言

茶叶生物化学是生物化学渗透到制茶学、茶树栽培学、茶叶审评与检验、茶叶深加工与综合利用等茶叶学科后形成的一门交叉学科，是为茶叶生产、加工、综合利用等提供有关化学及生物化学理论依据、指导茶叶生产的一门基础科学。茶叶生物化学的发展与现代实验手段和实验技术的进步密切相关。因此，茶叶生物化学实验是茶叶生物化学课程的重要组成部分，能够帮助学生把课堂讲解的理论知识与实际相结合，通过实践使学生掌握茶叶生物化学基本实验技术及操作技能，验证、巩固、加深学生对基础理论知识的理解和认识，培养学生的动手能力，加强基本实验技能的训练，培养学生严谨的科学态度，提高分析问题和解决问题的能力，促进学生创新意识和综合素质的培养。

本教材由华中农业大学、西南大学、福建农林大学、云南农业大学、江西农业大学多位长期从事茶叶生物化学理论和实践教学的教师，在总结多年实践和研究经验及参阅大量文献基础上共同编写而成。本教材由基础知识和基本技能、实验技术组成，其中实验技术共设45个实验项目。全书由华中农业大学杨晓萍担任主编并统稿。具体编写分工：第一章和第二章第一节由华中农业大学杨晓萍编写，第二章第二节由福建农林大学金珊编写，第二章第三节由华中农业大学周继荣编写，第二章第四节由云南农业大学段红星编写，第二章第五节由西南大学曾亮和江西农业大学黄莹捷共同编写。

本教材既可作为高等院校茶学类专业实验教材，也可供学生毕业论文实践及农林院校相关师生和科研人员参考，还可供茶叶质量检验等茶产业从业人员参阅。

本教材在编写过程中参考和借鉴了大量文献资料，得到了相关院校和同人的大力支持，华中农业大学园艺林学学院给予了极大的关心和帮助，华中农业大学茶学专业硕士研究生王旭捷、李玉壬、陈春凤、杨慧搜集了相关资料，在此表示衷心感谢。

由于编写时间仓促，编者水平有限，书中难免有错漏和不足之处，恳请专家、学者批评指正。

杨晓萍

2022年3月

目录

第一章 茶叶生物化学实验基础知识和基本技能

第一节 生物化学实验基础知识

一、生物化学实验室安全要求

（一）生物化学实验室规则

（1）进入实验室前必须认真阅读实验教材，做好实验预习，了解实验的基本原理、方法、步骤，以及有关的基本操作和注意事项。

（2）遵守纪律，不迟到、早退和无故缺席；不在实验室内打闹、大声喧哗；不准随地吐痰和乱丢纸屑。

（3）进入实验室工作时应穿清洁的白色工作服，养成在工作前和工作后洗手的习惯。

（4）实验前应检查仪器设备；实验时应严格遵守实验操作规程，确保仪器使用安全，节约用水、电、药品、试剂等；不准擅自动用与本实验无关的仪器设备。

（5）实验时要注意安全，发生事故应立即切断电源、气源，并及时向指导教师如实报告。实验中，要认真如实地记录各种实验数据和现象，不得伪造和抄袭他人的实验记录。

（6）实验结束后，应将仪器设备整理归位，指定值日学生打扫卫生。实验室内应设置废液缸和废物纸屑篓。废液倒入废液缸；有放射性物质的废水、废物不要随便乱倒，应作适当处理；破碎的玻璃仪器最好不要与废物一起倒掉，应有回收箱；固体废物、纸屑、料渣等不允许往自来水水盆里倒，以免堵塞下水道。

（7）实验后要认真填写实验报告，包括实验原理、步骤、结果数据处理，回答实验思考题等。

（8）进入实验室开始工作前，应了解水阀、电分闸及总闸和（煤）气阀开关所在位置。离开实验室时，一定要将室内仔细检查一遍，将水、电、（煤）气的开关关闭，门窗锁好。严禁将实验仪器和药品带出实验室。

（二）生物化学实验室试剂管理

1. 化学试剂的分类、分级和规格

化学试剂数量繁多、种类复杂，世界各国对化学试剂的分级和分类标准不尽一致，如根据试剂用途可分为分析试剂、仪器分析专用试剂、生化试剂、指示剂、医用试剂等；根据试剂纯度可分为一般试剂、基准试剂、高纯试剂、光谱纯试剂、优级纯试剂、分析和化学纯试剂等。我国化学试剂产品有国家标准（GB）或部颁标准（HG），规定了各级化学试剂的纯度及杂质含量，并规定了标准分析方法。

下文暂将化学试剂分为标准试剂、一般试剂、高纯试剂和专用试剂四大类，并逐一作简单介绍。

（1）标准试剂　是用于衡量其他（欲测）物质化学量的标准物质，其特点是主体含量高且准确度高。

（2）一般试剂　是实验室最普遍使用的试剂，通常分为四个等级及生化试剂。我国生产的一般试剂的分级、标志、适用范围及标签颜色见表1-1。

表1-1　一般试剂的规格和适用范围

级别	中文名称	英文符号	标签颜色	适用范围
一级	优级纯 （保证试剂）	GR	绿色	精密分析实验
二级	分析纯 （分析试剂）	AR	红色	一般分析实验
三级	化学纯	CP	蓝色	一般化学实验
四级	实验试剂	LR	棕色	一般化学实验辅助试剂
生化试剂	生化试剂 生物染色剂	BR	咖啡色 玫瑰色	生物化学及医用化学实验

（3）高纯试剂　主要用于微量分析中试样的分解及试液的制备，其特点是杂质含量低（比优级纯基准试剂都低），主体含量一般与优级纯试剂相当。

（4）专用试剂　是指有特殊用途的试剂，如仪器分析中色谱分析标准试剂、核磁共振分析用试剂等。

2. 化学试剂的安全管理

化学试剂大多数具有一定的毒性及危险性，应根据试剂的毒性、易燃性、腐蚀性和潮解性等不同特点，以不同的方式妥善管理。

通常把化学试剂分成以下几类：易燃类、易爆类、剧毒类、强腐蚀类、强氧化剂类、低温存放类、贵重类、指示剂和一般试剂。

（1）化学试剂必须分类隔离存放，不能混放在一起。一般试剂分类存放于阴凉通风、温度低于30℃的柜内即可，易燃易爆试剂应放在铁柜中，柜的顶部要有通风口。

（2）实验室内只宜存放少量短期内需用的药品，大量试剂应放在试剂库内。严禁在化验室存放大于20L的瓶装易燃液体。

（3）存放试剂时，要注意化学试剂的存放期限，某些试剂在存放过程中会逐渐变质，甚至形成危害物，如醚类、四氢呋喃、二氧六环、烯烃、液态石蜡等，在见光条件下，若接触空气可形成过氧化物，放置时间越久越危险。

(4) 易燃(如乙醇、乙醚等极易挥发成气体，遇明火即燃烧)或易爆药品(如苦味酸、高氯酸、高氯酸盐、过氧化氢等)应单独存放于阴凉通风处，特别要注意远离火源，妥善保管，以防引起火灾或爆炸。易燃易爆物质不要放在冰箱内。

(5) 剧毒类试剂(如氰化钾、氰化钠及其他剧毒氰化物，三氧化二砷及其他剧毒砷化物，氯化汞及其他极毒汞盐等)要置于阴凉干燥处，与酸类试剂隔离，并锁在专门的毒品柜中，建立双人登记签字领用制度，以及使用、消耗、废物处理等制度。皮肤有伤口时，禁止操作这类物质。

(6) 强腐蚀类试剂(如发烟硫酸、硫酸、发烟硝酸、盐酸、氢氟酸、氢溴酸、氯磺酸、氯化砜、一氯乙酸、甲酸、乙酸酐、氯化氧磷、五氧化二磷、无水三氯化铝、溴、氢氧化钠、氢氧化钾、硫化钠、苯酚、无水肼、水合肼等)应存放于阴凉通风处，并与其他药品隔离放置；应选用抗腐蚀性的材料，如用耐酸水泥或耐酸陶瓷制成架子来放置这类药品；料架最好放在地面靠墙处，以保证存放安全。

(7) 强氧化剂试剂(过氧化物或含氧酸及其盐)在适当条件下会发生爆炸，并可与有机物或镁、铝、锌粉、硫等易燃固体形成爆炸混合物。这类试剂存放处要求阴凉通风，最高温度不得超过30℃；要与酸类，以及木屑、炭粉、硫化物、糖类等易燃物、可燃物或易被氧化物(即还原性物质)隔离，并注意散热。

(8) 低温存放类试剂(如甲基丙烯酸甲酯、苯乙烯、丙烯腈、乙烯基乙炔及其他可聚合的单体、过氧化氢、氢氧化铵等)需要低温存放才不至于聚合变质或发生其他事故，应存放于10℃以下。

(9) 贵重类试剂(如钯黑、氯化钯、氯化铂、铂、铱、铂石棉、氯化金、金粉、稀土元素等)多为小包装，这类试剂应与一般试剂分开存放，加强管理，建立领用制度。

(10) 指示剂一般都是固体有机物，可与其他稳定性较高的固体有机试剂放在同一柜中，可按酸碱指示剂、氧化还原指示剂、络合滴定指示剂及荧光吸附指示剂分类排列。

(11) 要求避光的试剂应储于棕色瓶中或用黑纸包好存于暗柜中；试剂柜应避免阳光直晒及靠近暖气热源。无标签或标签无法辨认的试剂应重新鉴别后小心处理，不可随便乱扔。

(12) 冰箱内严禁存放无盖或不密封的试剂，特别是易挥发的有机溶剂。

(三)生物化学实验室安全知识

检验室必须建立与其工作范围相适应的各种规章制度，其中实验室安全守则是必须制定的规章制度之一。

1. 一般安全守则

(1) 检验员必须认真学习分析规程和有关的安全技术规程，了解设备性能及操作中可能发生事故的原因，掌握预防和处理事故的方法。

(2) 进行有危险性的工作时，如危险物料的现场取样、易燃易爆物品的处理、焚烧废液等，应有第二者陪伴，陪伴者应处于能清楚看到工作地点的地方并观察操作的全过程。

（3）玻璃管与胶管、胶塞等拆装时，应先用水润湿，手上垫棉布，以防玻璃管折断时扎伤手。

（4）打开浓盐酸、浓硝酸、浓氨水试剂瓶塞应在通风柜中进行。夏季打开易挥发溶剂瓶塞前，应先用冷水冷却，瓶口不能对着人。

（5）严禁用鼻子对准试剂瓶瓶口闻气味；严禁用嘴尝试实验室的任何药品。

（6）通常应在试验台上备有湿抹布。当有毒或有腐蚀性的溶液滴溅在手上或台面上时，以便立即擦去。

（7）稀释浓硫酸的容器（如烧杯）通常要放在盛有冷水的盆中，以便稀释过程中溶液散热。

注意：只能将浓硫酸慢慢倒入水中，不能相反。

（8）蒸馏易燃液体严禁用明火。蒸馏过程不得离人，以防温度过高或冷却水突然中断。

（9）使用电炉时，必须底垫石棉网，全程有专人看管，不准离人，以防火灾；加热试管时一定不能集中加热，试管口不得对准人，严防液体过热而冲溅；所有的有机溶剂严禁明火直接加热，宜采用水浴加热；用油浴操作时，小心加热，随时用金属温度计测量，不要使油的温度超过其燃烧温度；电热套禁止用于直接敞口加热含易燃易挥发性的液体。

（10）实验室内所有试剂必须贴有明显的与内容物相符的标签。严禁将用完的原装试剂空瓶不更换标签而装入其他试剂。

（11）打碎的玻璃器皿不能直接用手处理，必须用相应工具处理，如刷子、簸箕、夹子或镊子等。

（12）操作者不得离开岗位，必须离开时，要委托能负责任者看管。

（13）实验室内禁止吸烟、进食，不能用实验器皿处理食物。离开实验室前用肥皂洗手。

（14）工作时应穿工作服，头发要扎起，不应在食堂等公共场所穿工作服。进行有危险性的工作要加戴防护用具。最好能做到做实验都戴上防护眼镜。

（15）每日工作完毕后，应检查水、电气、窗是否关闭，并进行了安全登记之后方可锁门。

2. 用电安全守则

（1）实验室供电线路及各种电器的安装均应符合安全用电的规范要求。电路及用电设备要定期检修，发现电器设备漏电要立即修理，绝缘损坏或线路老化要及时更换；保持电器及电线的干燥。

（2）实验结束后，先关仪器电源开关，再拔电源插头。

（3）不得私自拉接临时供电线路。不准使用不合格的电器设备。室内不得有裸露的电线。

（4）新购的电器使用前必须全面检查，防止因运输震动使电线连接松动，确认没问题能接好地线后方可使用。

（5）使用烘箱和高温炉时，必须确认自动控温装置可靠；同时还需人工定时监测温度，以免温度过高。不得把含有大量易燃、易爆溶剂的物品送入烘箱和高温炉加热。

（6）如所用电器着火时，应立即切断电源，用沙子或干粉灭火器灭火。

（7）检查电器设备是否漏电应用试电笔或手背触及仪器表面；凡是漏电的仪器，一律不能使用。必要时应使用漏电保护器。

3. 防火防爆安全守则

（1）实验室内应备有灭火用具、急救箱和个人防护器材。检验员要熟知这些器材的使用方法。

（2）禁止用火焰在煤气管道上寻找漏气的地方，应该用肥皂水来检查漏气。

（3）操作、倾倒易燃液体时应远离火源，瓶塞打不开时，切忌用火加热或贸然敲打。倾倒易燃液体量大时要有防静电措施。

（4）加热易燃溶剂必须在水浴或严密的电热板上缓慢进行，严禁用火焰或电炉直接加热。

（5）使用酒精灯时，注意酒精切勿装满，应不超过容量的2/3，灯内酒精不足1/4容量时，应灭火后添加酒精。燃着的灯焰应用灯帽盖灭，不可用嘴吹灭，以防引起灯内酒精起燃，酒精灯应用火柴点燃，不可用另一正燃的酒精灯来点火，以防失火。

（6）在蒸馏可燃物时，要时刻注意仪器和冷凝器的工作状况。需往蒸馏器内补充液体，应先停止加热，放冷后再进行。在整个蒸馏过程中，要保持冷凝水的通畅。

（7）身上或手上沾有易燃物时，应立即清洗干净，不得靠近明火，以防着火。

（8）易发生爆炸的操作不得对着人进行，必要时操作人员应戴面罩或使用防护挡板。

（9）严禁可燃物与氧化物一起研磨。工作中不要使用不知其成分的物质，因为反应时可能形成危险的产物（包括易燃、易爆或有毒产物）。在必须进行性质不明的实验时，应尽量先从最小剂量开始，同时要采取安全措施。

（10）易燃液体的废液应设置专用储器收集，不得倒入下水道，以免引起燃爆事故。

（11）电炉周围严禁有易燃物品。电烘箱周围严禁放置可燃、易燃物及挥发性易燃液体。不能烘烤放出易燃蒸气的物料。

（12）使用烘箱和高温炉时，必须确认自动控制温度装置可靠。同时还需人工定时查看温度情况，以免温度过高引发火灾。

4. 气瓶安全守则

气瓶是用于储存压缩气体、液化气体、溶解气体的压力容器。储存的气体分为剧毒气体、易燃气体、助燃气体、不燃气体等。

气瓶的存放和使用安全守则如下：

（1）气瓶必须存放在阴凉、干燥、严禁明火、远离热源的房间，并且要严禁明火，防暴晒。除不燃性气体外，一律不得进入实验楼内。使用中的气瓶要直立固定放置。

（2）搬运气瓶要轻拿轻放，防止摔掷和剧烈震动。搬运前要戴上安全帽并旋紧，以防不慎摔断瓶嘴发生事故。钢瓶必须具有两个橡胶防震圈。乙炔瓶严禁横卧滚动。

（3）气瓶应有明确的外部标志，内装气体必须与外部标志一致。

（4）气瓶应定期作技术检验及耐压试验。

（5）易起聚合反应的气体钢瓶，如乙烯、乙炔等，应在储存期限内使用。

（6）高压气瓶的减压器要专用，安装时螺扣要上紧（应旋进7卷螺纹，俗称“呼七牙”），不得漏气。开启高压气瓶时操作者应站在气瓶出口的侧面，避免气流射伤人体。开启时，气门开关与减压器都应逐渐打开，防止气体过急流出，产生高温，发生危险。

（7）瓶内气体不得用尽，剩余残压不应小于0.5MPa，否则会导致空气或其他气体进入钢瓶，再次充气时，不但会影响气体纯度，还会产生危险。

5. 防中毒安全守则

实验室中接触到的化学物质很多是对人体有毒的，检验员在取样、样品溶解、有机溶剂萃取、蒸馏等操作过程中可能接触到有毒的化学物质而造成中毒的意外事故。例如：有些气体、蒸气、烟雾及粉尘能通过呼吸道进入人体，如一氧化碳、氢氰酸、氯气、酸雾、氨气等；有些则经未洗净的手，在饮水、进食时经消化道进入人体，如氰化物、汞盐、砷化物等；有些是触及皮肤及五官黏膜而进入人体，如汞、二氧化硫、三氧化硫、氮的氧化物、苯胺等。有些化学物质可由几种途径进入人体。有些毒物对人体的毒害是急性的，也有些毒物对人体的毒害则是慢性的，积累性的，如汞、砷、铅、卤代烃等。慢性中毒开始症状并不明显，长期接触有毒物后，才会出现中毒的症状，因此，必须予以足够的重视。

预防中毒的措施主要包括：

（1）若必须使用有毒物品时，事先应充分了解其性质，并熟知注意事项；

（2）改进实验设备与实验方法，尽量采用无毒或低毒物质代替高毒或剧毒物质；

（3）应有符合要求的通风设施将有害气体排除；

（4）消除二次污染源，即减少有毒蒸气的逸出及有毒物质的散落、发溅；

（5）在使用有毒药品时一定要严格按步骤操作，戴上必要的个人防护用具，如眼镜、防护油膏、防毒面具和防护服装等，并采取适当的防护措施。

二、环境保护与废弃物处理

在实验中和实验结束后往往会产生各种有毒、有害废弃物。为保障实验者身体健康、保护环境，应遵守国家的环保法规，做好有害、有毒废弃物的处理，减少对周围环境的危害，维护实验室及周边环境。实验教师、实验技术人员和学生必须牢固树立环境保护意识，严格遵守国家环境保护工作的有关规定，熟悉废弃物的处理原则和规定。

实验室废弃物是指实验过程中产生的三废（废气、废液、废固）物质、实验用剧毒物品（麻醉品、药品）残留物和放射性废弃物等。所有实验废弃物应按固体、液体、有害、无害等分类收集于不同的容器中，对一些难处理的有害废弃物可送有关部门或环保部门进行专业处理。

（一）废气的处理

实验室应有符合通风要求的通风橱，实验过程中会产生少量有害废气的实验应在通风橱中进行，产生大量有害、有毒气体的实验必须具备吸收或处理装置。

（二）废液的处理

实验室废液主要是指化学性实验室、生化性实验室、物理性实验室或校内实习场所等所产出的各类废弃溶液。一般的实验室废液可分为有机溶剂废液（如甲苯、乙醇、冰乙酸、卤化有机溶剂废液等）和无机溶剂废液（如重金属废液、含汞废液、废酸、废碱液等）。

实验过程中，不能随意将有害、有毒废液倒进水槽及排水管道。不同废液在倒进废液桶前要检测其相溶性，按标签指示分门别类倒入相应的废液收集桶中，禁止将互不相溶的废液混装在同一废液桶内，以防发生化学反应而爆炸。每次倒入废液后须立即盖紧桶盖。特别是含重金属的废液，不论浓度高低，必须全部回收。

（三）废渣、废固的处理

不能随意掩埋、丢弃有毒有害的废渣和废固，必须放入专门的收集桶中。危险物品的空器皿、包装物等，必须完全消除危害后，才能改为他用或弃用。对无害的固体废物，如滤纸、茶渣、茶末、碎玻璃、软木塞、氧化铝、硅胶、硫酸镁、氯化钙等可直接倒入普通的废物箱中，不应与其他有害固体废物相混。

（四）实验用剧毒物品（麻醉品、药品）及放射性废弃物的处理

实验用剧毒物品（麻醉品、药品）的残渣或过期的剧毒物品由各实验室统一收存，妥善保管，报有关部门统一处理；盛装、研磨、搅拌剧毒物品（麻醉品、药品）的工具必须固定，不得挪作他用或乱扔乱放，使用后的包装必须统一存放、处理。

带有放射性的废弃物必须放入指定的具有明显标志的容器内封闭保存，报有关部门统一处理。

（五）生物类废弃物的处理

感染性生物废弃物应放在内盛适宜的新鲜配制的消毒液的容器中，容器最好是防碎裂的。废弃物应保持和消毒液直接接触，并根据所使用的消毒剂选择浸泡时间，然后把消毒液及废弃物倒入相应容器里进行高压或焚烧处理。盛装废弃物的容器在再次使用前也应高压并洗净。

对于单克隆抗体、质粒、细胞等非感染性生物材料应集中放置在指定的位置，统一高压蒸汽灭菌后废弃。

（六）过期固体药剂、浓度高的废试剂的处理

过期固体药剂、浓度高的废试剂必须以原试剂瓶包装，需定期报设备资产管理处回收，不得随便掩埋或并入收集桶内处理。

三、常用玻璃仪器的洗涤、干燥与保养

（一）玻璃仪器的洗涤

实验化学中经常使用各种玻璃仪器。如果使用不洁净的仪器，往往由于污物和杂质的存在而得不到正确的结果，因此，玻璃仪器的洗涤是实验化学中一项重要的内容。

玻璃仪器的洗涤方法很多，应根据实验要求、污物的性质和沾污的程度来选择合适的洗涤方法。

对于水溶性的污物，一般可以直接用水冲洗；冲洗不掉的物质，可以选用合适的毛刷刷洗；如果毛刷刷不到，可用碎纸捣成糊浆，放进容器，剧烈摇动，使污物脱落下来，再用水冲洗干净。

对于有油污的仪器，可先用水冲洗掉可溶性污物，再用毛刷蘸取肥皂液或合成洗涤剂刷洗。用肥皂液或合成洗涤剂仍刷洗不掉的污物，或因口小、管细不便用毛刷刷洗的仪器，可用洗液或少量浓硝酸或浓硫酸浸洗。氧化性污物可选用还原性洗液洗涤，还原性污物则选用氧化性洗液洗涤。最常用的洗液是高锰酸钾（$KMnO_4$）洗液［取4g 高锰酸钾（LR），溶于少量水中，缓缓加入 100mL 10% 氢氧化钠（NaOH）溶液中］与重铬酸钾（$K_2Cr_2O_7$）洗液［取 20g 重铬酸钾（LR）于 500mL 烧杯中，加 40mL 水，加热溶解，冷后，缓缓加入 320mL 粗浓硫酸即成（注意边加边搅），贮于磨口细口瓶中］。

若污物是有机物一般选用高锰酸钾洗液；若污物为无机物则多选用重铬酸钾洗液。洗涤仪器前，应尽可能倒尽仪器内残留的水分，然后向仪器内注入约 1/5 体积的洗液，使仪器倾斜并慢慢地转动，让内壁全部被洗液湿润，如果能浸泡一段时间或用热的洗液洗涤，则效果会更好。

洗液具有强腐蚀性，使用时千万不能用毛刷蘸取洗液刷洗仪器，如果不慎将洗液洒在衣物、皮肤或桌面时，应立即用水冲洗。废的洗液或洗液的首次冲洗液应倒在废液缸里，不能倒入水槽，以免腐蚀下水道。

洗液用后，应倒回原瓶。洗液可反复多次使用，多次使用后，重铬酸钾洗液会变成绿色（Cr^{3+}的颜色）；高锰酸钾洗液会变成浅红或无色，底部有时出现二氧化锰（MnO_2）沉淀，这时洗液已不具有强氧化性，不能再继续使用。

仪器经洗液洗涤后污物一般会去除得比较彻底，若有机物用洗液洗不干净，也可选用合适的有机溶剂浸洗。

用上述方法洗去污物后的仪器，还必须用自来水和蒸馏水冲洗数次后，才能洗净。计量玻璃仪器（如滴定管、移液管、容量瓶等）可用肥皂、洗衣粉洗涤，但不能用毛刷刷洗。

已洗净的玻璃仪器应该是清洁透明的，其内壁被水均匀地湿润，且不挂水珠。凡已洗净的仪器，内壁不能用布或纸擦拭，否则布或纸上的纤维及污物会玷污仪器。

（二）玻璃仪器的干燥

根据不同情况，玻璃仪器可采用不同方法干燥。

1. 晾干

对于不急用的仪器，可将仪器插在仪器的格栅板上或实验室的干燥架上晾干。

2. 吹干

将仪器倒置控去水分，并擦干外壁，用电吹风的热风将仪器内残留水分赶出。

3. 烘干

将洗净的仪器控去残留水，放在电烘箱的隔板上，将温度控制在 105℃ 左右烘干；也可放在红外灯干燥箱中烘干。此法适用于一般仪器。

4. 用有机溶剂干燥

在洗净的仪器内加入少量有机溶剂（如乙醇、丙酮等），转动仪器，使仪器内的水分与有机溶剂混合，倒出混合液（回收），仪器即迅速干燥。

必须指出的是，带有刻度的计量容器不能用加热法干燥，否则会影响仪器的精度。如需要干燥时，可采用晾干或冷风吹干的方法。称量瓶等在烘干后要放在干燥器中冷却和保存。

第二节 茶叶样品的采集和保存

一、茶叶样品的采集

（一）采样的重要性

采样就是从被检的总样品中抽取少量的、具有代表性样品的过程。所采取的这部分样品称为试样。采取的试样必须很好地代表整批样品的任何一方面待分析的质量，即所采的试样应具有高度代表性。否则，再先进的分析设备、再精确的测试方法、再准确的试样分析结果，都将毫无意义。

试样要具有代表性，采样必须遵循一定的规则，掌握适当的方法，并防止在采样过程中造成某些成分的损失或外来成分的污染。采集茶树植株、组织或器官样品时，要选择一定数量的能代表大多数情况的植株作为样品，不要选择田埂、地边及离田埂地边 2m 范围以内的样品；采样部位要能反应所要了解的情况，不能将各部位任意混合；当采取的样品需要分不同器官（如叶片、叶鞘、叶柄、茎、果实等部分）测定，须立即将其剪开，以免营养素运转。在茶树不同生长发育阶段分期采样时，采样时间和部位要统一。成品茶或茶叶初加工在制品样品采集时，如发现样品品质、包装或样堆有异常情况时，可酌情增加或扩大取样量，以保证所取样品的代表性，有必要时应停止取样。

除了试样要求具有代表性外，采样量还应满足分析的精度要求。由于茶树植株的个体差异、生长部位、环境条件等因素的影响，茶样分析中采样和制样带来的误差往往大于后续测定带来的误差。因此，应严格地按照采样和制样的各项要求，认真地完成这项工作。

（二）采样的一般方法

按照取样过程和检验要求，样品可分为检样、原始样品、平均样品和试验样品。由茶园或组批或货批中所抽取的样品称为检样。将许多份检样综合在一起称为原始样品。将原始样品按照规定方法经过混合平均，均匀地分出一部分，称为平均样品。平均样品一般不少于 1kg。平均样品经过混合分样，根据需要从中称取一部分作为试验用的样品，称为试验样品，简称试样。

简单地加大采样量和增加采样位点，可以提高采样的代表性和精度；但从经济的角度出发，采样量越小越好。从分析方法要求的试样量出发，采样量不得太低，但过多则是浪费。控制采样量和采样位点时，首先要考虑采样对象的均匀性。对于分布比较均匀的样品，采用随机取样法，可以在被检样品的任意部位进行采样。对于分布不均匀的样品，可以采用多层、多点随机取样。如在大袋子里取成品茶样品时，应在表面以梅花点均匀定位后，再在上、中、下层取分样；黑茶渥堆取样时，分样取样位点要求设在茶堆的上、中、下、角、心、面、左、中、右、前、后等各点。对于分布不均匀的液体样品，取样后充分摇匀或混匀，可视作均匀；对于分布不均匀的固体样品，取样后必须进行初步处理，使数量缩减，组成均匀、颗粒细小且其组成能代表整批样品。

固体样品的处理步骤包括粉碎、过筛、混合与缩分等步骤。粉碎后的试样一定要过筛，不能通过的粗颗粒应反复破碎直至全部通过为止。缩分常用四分法（图 1-1），即先将试样堆成圆锥形，用一块薄板插入锥顶，使试样沿圆周分散，最后压平成圆盘形；把它分成四个象限，两对角部分合并，一份丢弃，一份作为试样，至此进行完一次缩分。每进行一次缩分前均要混匀一次，直至符合分析要求为止。

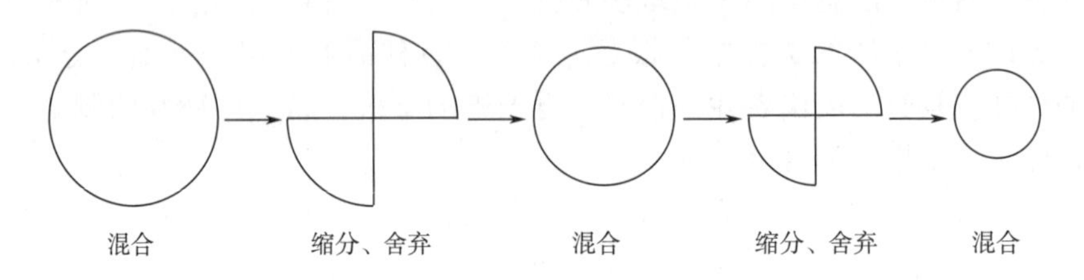

图 1-1　四分法缩分取样示意图

采样时应有采样单和记录本，随时把调查的信息和采样的情况记录在上。采样完毕时，应在专用的工作记录本上仔细做出更正规的记录，记录内容包括：样品来源、种类、包装情况、产品批号、采样条件、采样数量、检验或分析项目、样品编号、采样人、采样日期调查和采样中记录下的其他重要情况。

（三）成品茶的采样

成品茶的样品采集需遵循 GB/T 8302—2002《茶　取样》的详细规定。成品茶取样大致可分四步：①从组批产品中抽取的样品（检样）；②将多份检样综合在一起（原始样品）；③将原始样品充分混合或粉碎，并逐次缩分至 500 ~ 1000g（平均样品）；④根据检验项目的规定，从平均样品中分取一部分作为试验用的样品（试验样品）。

由于茶样的不均匀性，采用多层、多点随机取样的方法。取样件数一般按以下规定：一般 1 ~ 5 件，取样 1 件；6 ~ 50 件，取样 2 件；51 ~ 500 件，每增加 50 件（不足 50 件者按 50 件计）增取 1 件；501 ~ 1000 件，每增加 100 件（不足 100 件者按 100 件计）增取 1 件；1000 件以上，每增加 500 件（不足 500 件者按 500 件计）增取 1 件。对小包装茶样，取样总质量未达到平均样品的最小质量时，应增加取样件数以达到规定取样量。

（四）茶叶初加工在制品的采样

茶叶初加工在制品样品的采集，也采用多层、多点随机取样的方法，遵循上述总的样品采集原则。

（五）茶树植株、组织或器官样品的采样

由于茶树生长发育的不均一性，一般采用多点取样。对于平坦茶园采样，常以梅花形布点（图 1-2）或在小区平行前进以交叉间隔方式布点（图 1-3），采 5～10 个试样混合成一个代表样品，按要求采集茶树的根、茎、叶、果等不同部位。采集根部时，尽量保持根部的完整，用清水洗（不能浸泡）4 次后用纱布擦干。山地茶园应按不同海拔高度均匀布点，采样点一般不应少于 10 个。

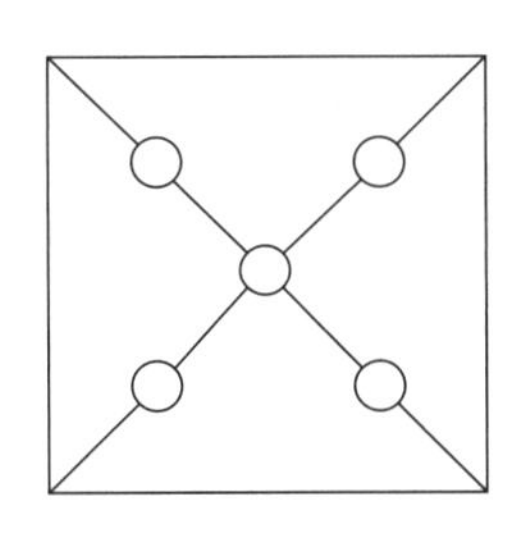

图 1-2　梅花形布点取样

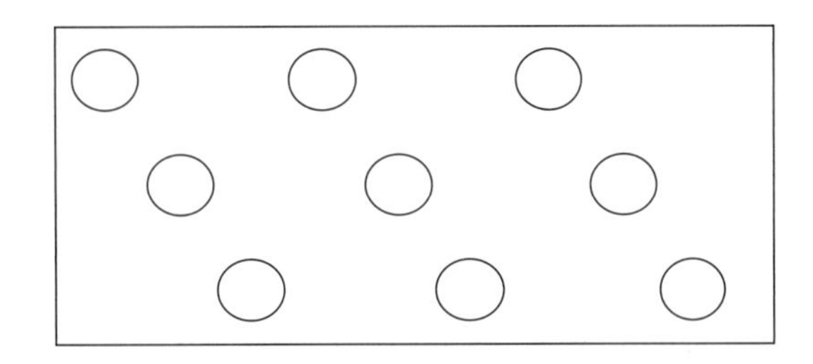

图 1-3　交叉间隔布点取样

采样量要求将试样处理后能满足分析之用即可。一般要求样品干重在 1kg，如用新鲜样品，以含水 80%～90% 计，则需 5kg。具体的样品采集应根据分析项目数量、样品制备处理要求、重复测定次数等情况来确定。

（六）采样注意事项

一切采样工具、容器、塑料袋、包装纸等都应清洁、干燥、无异味、无污染。如果要进行微量元素分析，样品的容器更应讲究（如分析铬、锌含量时不应用镀铬、镀锌的工具采样）。有些采样工具有计量刻度，采样前应注意其校准。

采样后，对每件样品都要做好详细记录，贴上标签，标签上应注明品名、批号、分样号、抽样日期、地点、堆位、生产日期班次、采样人等。

如果发现样品有污染的迹象，应将污染的样品单独抽样，装入另外的容器内，贴上特别的标签，详细记录污染样品的大约数量，以便分别化验。

新鲜、易变化的样品在采集后 4h 内迅速送到实验室进行分析或处理，应尽量避免样品在分析前发生变化。

二、茶叶样品的运输与保存

（一）茶叶样品的运输

在野外或茶园采集的样品，能够在现场进行测定的项目，应在现场完成分析，以避免样品在运送过程中待测组分由于挥发、水解、酶解、氧化、失活或被污染等原因造成损失。样品要送回实验分析场去完成分析，就要考虑和防止样品变质。当样品采集地离实验分析场所较远时，能在采集后 24h 内送抵实验室，则可放在 4℃左右的容器中运送；若在 24h 内不能将样品送往实验室，在不影响分析结果的情况下可把样品经冷冻处理后再行运送。运输过程中要注意车辆的清洁，注意车站、码头有无污染源，避免样品污染。

茶树新梢、鲜叶或茶花等样品中酶活检测、蛋白提取或 DNA 提取时，需要用新鲜样品，且样品取样后要注意保鲜。由于茶新鲜样品中富含极易氧化的多酚类物质，新鲜样品采集和运输过程中应保持相关组织或器官的完整性，避免对材料造成损伤。测定酶活或测定某些不稳定的活性成分或挥发性成分时，可采取加冰或冰袋冷藏运输。提取DNA或RNA等时，宜采用液氮冷冻运输或者采取整个枝条保水运输；远距离采样时，还可采取硅胶脱水干燥方法进行运输，返回后应尽快进行DNA或RNA的提取。

分析在野外或茶园采集的新鲜样品中性质相对稳定的化学成分时，要对试样进行净化、杀青、烘干（或风干）等处理，以避免植株体内多酚氧化酶的催化作用造成有机成分的严重损失。茶叶初加工在制品样品也要及时进行烘干（或风干）等处理，以免发霉或变质。

（二）茶样品的保存

茶样品采集后应尽快进行分析（特别是新鲜样品），尽量缩短保存时间，以提高分析结果的准确性和代表性；如果不能及时进行分析时（特别是复检样品和保留样品），就要保质保存。茶样品保存时应根据样品的物理性质、化学性质和分析要求，采取合适的方法保存样品。

干燥样品放在干燥的室内可保存1~2周。茶叶初加工在制品样品水分含量高，可先分析其水分后将剩余样品干燥保存；也可在冷藏或冷冻的条件下存放，冷藏或冷冻时要把样品密封在加厚塑料袋中以防水分渗进或逸出。新鲜样品可暂时在冰箱中冷藏（一般是2~5℃）或冷冻（一般为-20℃）保存短期时间；如果要长期保存，则应放入液氮罐或-70℃超低温冰箱冷冻保藏。保存样品时同样要严格注意卫生、防止污染。

三、茶叶样品的制备

（一）茶鲜叶采集后的固样处理

茶鲜叶样品中因为含有极易氧化的多酚类物质、多种酶或水分含量较高，为了正确反映茶鲜叶样品中的真实情况，应采取合适的固样处理方法。茶叶固样方法较多，除传统的蒸汽固样外，还有热空气固样、真空冷冻干燥固样、微波固样等方法。相对而言，真空冷冻干燥的固样方式最能客观地反映茶鲜叶中各内含成分的真实含量，因为真空冷冻干燥是在低温真空状态下，通过直接升华方式失去水分，茶鲜叶的内含成分几乎没有发生任何改变。

1. 蒸汽固样法

（1）蒸青　在蒸锅中加入适量的水，加热煮沸至产生足量的蒸汽后，将茶鲜叶疏松地匀摊于多孔蒸锅架上（一次投叶不能太多，以铺满蒸锅架即够）。蒸青时间视茶叶的老嫩程度而定，一般嫩叶蒸2~3min，老叶蒸4~5min，茶籽和茶茎梗蒸10min（嫩茎可减少2~3min），茶根（切成0.5cm左右）蒸10~15min。

（2）摊凉　将蒸好的鲜叶立即抖散摊凉，切勿堆积，以免造成样品中某些物质的变化。

（3）干燥　经摊凉后的蒸青样，于温度70~80℃的烘箱中烘干。上烘前期为使水蒸气加快散失，可进行适当鼓风，待茶样6~7成干时可停止鼓风，干燥程度掌握在含水量6%以下。

（4）磨碎保存　干样用粉碎机粉碎，粉碎样应通过30目标准筛。筛面粗样，继续再行粉碎，直至样品基本上全部通过30目标准筛，然后将样品充分混合，装入棕色玻璃瓶中，用石蜡或透明胶纸封口，保存在低温干燥的地方备用。磨样和过筛时必须考虑到样品玷污的可能性。做微量元素分析时，应避免使用金属器皿，最好将烘干样品放在塑料袋中揉碎，然后用瓷研钵研磨，必要时要用玛瑙研钵进行研磨。

2. 真空冷冻干燥固样法

（1）预冷冻　将茶鲜叶置塑料烧杯中，在－20℃冰箱里冷冻24h。

（2）干燥　将冷冻后的鲜叶置于真空冷冻干燥机中冷冻干燥24～36h（视茶鲜叶量而定），干燥至含水量6%以下。

（3）磨碎保存　干样用粉碎机粉碎，过30目筛，装入棕色玻璃瓶中，低温干燥保存备用。

（二）茶叶初加工在制品采集后的固样处理

茶叶初加工在制品采集后的固样处理比较简单，主要是注意样品的干燥度，将样品置70～80℃烘箱中烘至含水量6%以下，然后按上述方法将样品粉碎、过筛、保存。如果样品是萎凋叶、发酵叶还要注意及时钝化酶的活性。

第三节　实验结果的处理

定量分析的目的是通过一系列的分析步骤来获得被测定组分的准确含量；但是在实际测得过程中即时采用最可靠的分析方法，使用最精密的仪器，由技术很熟练的分析人员进行测定，也不可能得到绝对准确的结果。同一个人在相同条件下对同一个样品进行多次测定，所得结果也不会完全相同。可见，在分析过程中误差是客观存在的。因此，我们应该了解分析过程中产生误差的原因及误差出现的规律，以便采取相应措施减小误差，并对所得数据进行归纳、取舍等系列分析处理，使测定结果尽可能接近真实值。

一、测定结果的准确度与精密度

（一）准确度

分析结果的准确度是指分析结果与真实值的接近程度。分析结果与真实值之间差别越小，则分析结果的准确度越高。分析结果的准确度常用误差来表示。

误差是指测定结果与真实值之间的差值。差值越小，误差就越小，则分析结果的准确度越高。误差按表示形式的不同分为绝对误差和相对误差。

绝对误差是指某测量值的测得值和真实值之间的差值，通常简称为误差。其表达式为：

$$\text{绝对误差} = \text{测得值} - \text{真实值} \tag{1-1}$$

相对误差是指绝对误差与被测量真实值之比。其表达式为：

$$\text{相对误差} = \frac{\text{绝对误差}}{\text{真实值}} \times 100\% \tag{1-2}$$

绝对误差的大小取决于所使用的器皿、仪器的精度及人的观察能力，但绝对误差不能反映误差在整个测量结果中所占的比例。相对误差可以反映误差对整个测量结果的影响。由相对误差的计算公式可知，在测量过程中有时虽然称量的绝对误差相同，但由于被称量的质量不同，相对误差会不同。例如，用分析天平称某两个样品的质量为1.6381g和0.1638g，而它们的真实质量分别为1.6380g和0.1637g，测定这两个样品的绝对误差均为0.0001g，而它们的相对误差则分别为0.0001/1.6380×100% = 0.006%，0.0001/0.1638×100% =0.06%。显然，当被测定的质量较大时，相对误差就比较小，测定的准确度也比较高。在分析化学中，对于不同质量的被称物体，均有相应的允许相对误差，这样便于合理地比较各种情况下测定结果的准确度。

（二）精密度

精密度就是几次平行测定结果相互接近的程度。在实际分析工作中，人们往往在相同条件下对同一样品进行反复多次的平行试验，然后取其平均值。如果几个数据比较接近，说明分析的精密度高。分析结果的精密度一般可用偏差来衡量。偏差是指个别测定结果与几次测定结果的平均值之间的差别。测定结果与多次重复测定结果的平均值之差为绝对偏差；绝对偏差在多次重复测定结果的平均值中所占的比例为相对偏差。

准确度表示测定结果与真实值接近的程度，而精密度表示测定结果的重现性。精密度是保证准确度的先决条件。精密度差，所得结果不可靠；但高的精密度不一定能保证高的准确度。

二、误差与消除

（一）误差的来源

根据来源可将误差分为系统误差和随机误差。系统误差是由于分析测定过程中某些固定的原因引起的一类误差。它对分析结果的影响比较恒定，会在同一条件下的重复测定中重复地显示出来，使测定结果系统地偏高或系统地偏低（即测定结果能有高的精密度，但不会有高的准确度）。如果找出产生误差的原因，并设法测定其大小，那么系统误差可以通过校正的方法予以减少或者消除。因此，系统误差具有重复性、单向性与可测性，是定量分析中误差的主要来源。系统误差产生的原因主要包括：实验方法本身不够完善；仪器本身不够准确；试剂纯度不够高或所用去离子水不符合要求；操作人员主观原因造成的误差。

随机误差也称为偶然误差和不定误差，是在测定过程中由某些偶然因素形成的具有相互抵偿性的误差，如室温、相对湿度和气压等环境条件的不稳定，分析人员操作的微小差异以及仪器的不稳定等。随机误差不能用修正或采取某种技术措施的办法来消除。随机误差的大小和正负都不固定，也无法测量或校正，但多次测量就会发现，绝对值相同的正负随机误差出现的概率大致相等，因此可以通过增加平行测定的次数取平均值的办法减小随机误差。在采用置信区间表达分析结果时，随机误差的范围同时被给出，因此随机误差的存在常常并不强烈影响分析结果。

（二）误差的消除

欲提高分析结果的准确度，就必须减小测定中的系统误差和随机误差。下面分别讨论消除或减免的方法。

1. 系统误差的减免

（1）用组成与试样相近的标准试样，采用与测定试样同样的方法和同样的条件，进行平行试验，将标准值与测定结果比较，用统计检验方法确定有无系统误差。

（2）用标准方法和所选方法同时测定试样，对两方法的测定结果进行比较，用统计检验方法确定有无系统误差。

（3）采用上述第1种方法发现系统误差和其大小后，可做空白试验得到空白测定值，从测定结果中扣除空白值，就可消除试剂、溶剂及器皿中所含杂质造成的系统误差。如果扣除了这种系统误差后还有系统误差，可对所用天平、量具和仪器进行校准，校准后重新测量的结果扣除空白值后，若还有超过允许范围的系统误差，就说明所选的方法存在超过允许范围的系统误差，这时应另选方法。

（4）采用上述第2种方法确定的系统误差，其实就是方法误差。如果它超过了允许误差范围，就只有换方法。

2. 随机误差的减免

依照随机误差出现的统计规律，人们可通过增加测定次数，使随机误差尽可能减小。从数学角度考虑，测定次数和算术平均值的随机误差之间有一定的关系。一般当测定次数达10次左右时，即使再增加测定次数，其精密度并没有显著的提高。因而在实际应用中，一般分析测定平行做4~6次即可。为了使分析中的随机误差尽可能减小，还必须注意以下几个方面：

（1）必须按照分析操作规程，严格正确地进行操作；

（2）实验过程要仔细、认真，避免一切偶然发生的事故；

（3）重复审查和仔细地核校实验数据，尽可能减少记录和计算中的错误。

在分析过程中要减小测量误差，取得符合要求的原始数据。对于分析人员的习惯性操作失误带来的系统误差，必须在与训练有素的分析人员的分析结果的对照后才能发现。发现后应找出失误所在，加以更正。

总之，误差产生的因素很复杂，必须根据具体情况，仔细地分析，找出原因，然后加以克服，以获得尽可能准确可靠的分析结果。

（三）允许误差

允许误差是人们对分析结果的准确度和精密度提出的合理要求。所谓合理，是因为它是在综合考虑了生产或科研的要求、分析方法可能达到的精密度和准确度、样品成分的复杂程度和样品中待测成分的含量高低等因素的基础之上提出的。

例如，待测成分含量高时，允许绝对误差可较大，而允许相对误差可较小；待测成分含量低时，允许绝对误差可较小，而允许相对误差可较大；待测成分含量很低时，已无必要考虑定出允许相对误差。所以一般情况下，表1-2可作为根据待测物含量拟订允许误差的参考范围。

对分析结果精密度提出的要求实际上是对随机误差提出的要求。随机误差是否在允许范围，常用变异指数来衡量。一般分析工作可要求变异指数小于2。变异指数指被考查的变异系数与训练有素的人做相同分析时的变异系数之比值。

表1-2　分析结果允许的误差范围

样品中待测成分的含量/（g/100g）	分析结果的允许绝对误差/g	分析结果的允许相对误差/%
80~100	0.30	0.3~0.4
40~80	0.25	0.3~0.6
20~40	0.20	0.5~1.0
10~20	0.12	0.6~1.2
5~10	0.08	0.8~1.6
1~5	0.05	1.0~5.0
0.01~0.1	0.0×~0.00×	—
0.001~0.01	0.00×~0.000×	—

注：×号表示可变数字。

三、有效数字及运算规则

（一）有效数字

数字是分析结果进行记录、计算与交流的形式。为了得到准确的分析结果，不仅要准确地测量，还要正确地记录和计算，即记录的数字不仅表示数量的大小，而且要正确地反映测量的准确程度。由于随机误差不可避免，测定值都是近似值，都有一定的不确定度，因此测定值包含确定的数字（重复测定时不会发生变化的准确数字）和它后面的不确定数字（重复测定时会发生变化的数字），但是只有确定的数字和它后面第一位具有不确定的不定数字才能正确反映分析对象量的多少。

在分析工作中实际能够测量到的数字称为有效数字。规定一个由有效数字构成的数值只能最后一位数字是可疑的，其余数字均为确定的数字。因此，有效数字的确定是根据测量中仪器的精度而确定。例如，在NaOH标定实验中，使用的仪器有分析天平，精度为0.1mg；滴定管精度为0.01mL。称取邻苯二甲酸氢钾0.5078g，滴定剂消耗体积为24.07mL，这样计算出NaOH的浓度为0.1033mol/L，应有4位有效数字，即最后一位是可疑数字，前三位都是确定的数字。若上述称量使用精度低的天平，则实验结果就不能达到4位有效数字。可见有效数字的书写表达取决于实验使用仪器的精度，在计算与记录数据时，有效数字位数必须确定，不能任意扩大与缩小。

（二）有效数字的位数

由有效数字构成的数值与通常数学上的数值在概念上是不同的。例如，在托盘天平和分析天平上分别称同一砝码，其测值为1.00和1.0000。这样的两个数值，从数学上看它们是相同的。但从分析测量的角度来看，两者代表的意义却有所不同。它们不仅反映了砝码本身质量的大小，而且反映了测量砝码质量时的准确程度。1.00表示测

量的准确程度为 ± 0.01g，相对误差为 0.01/1.00 × 100% =1%；而 1.0000 表示测量的准确程度为 ±0.0001g，相对误差为 0.0001/1.0000 × 100% =0.01%。两个数值的区别就是有效数字的位数不同，1.00 是 3 位有效数字，而 1.0000 是 5 位有效数字。

数字“0”在数据中具有双重意义。若作为普通数字使用，它就是有效数字；若它只起定位作用，就不是有效数字。一般来说，非零数字中间的“0”和数值末尾的“0”都是有效数字；而非零数字之前的“0”只起定位作用。如在分析天平上称得邻苯二甲酸氢钾的质量为 10.1340g，此数据就有 6 位有效数字；某盐酸溶液的浓度为 0.0120mol/L，则此数据有 3 位有效数字，数字前面的“0”只起定位作用，不是有效数字，数字后面的“0”表示溶液的浓度准确到小数点后面第三位。以“0”结尾的正整数，有效数字位数不确定，应根据实际测量的读数用 $\times 10^n$ 的形式表示。如质量为 1.50g，若以 mg 为单位，则可表示为 1.50×10^3 mg，而不能表示为 1500mg。改变单位并不改变有效数字的位数。

（三）有效数字的修约规则

一个分析结果常由许多原始数据经过多步数字运算才能得出来，而分析结果的有效数字位数只能最后一位是可疑数字，所以数据记录、数据的运算及最后的分析结果都不能任意增加或减少有效数字位数，要做到这一点，必须掌握数字修约规则和有效数字运算规则。

有效数字的修约是指：“在确定了已有数据或计算得出数据应保留的有效数字的位数后，对这些数据的修改。”修约时先按决定要保留的有效数字的位数，找出原数据中对应的最后一位有效数字，该数字以后的数字（尾数）可供修约。如何进行数字修约，GB 8170—2008《数值修约规则与极限数值的表示和判定》已有明确规定，通常把该规则称为“四舍六入五成双”规则，为了便于记忆，我们以口诀形式列表（表 1-3）。

表 1-3　　数字修约口诀实例对照表①

修约口诀	修约实例	
	修约前	修约后
四要舍	6.0441	6.04
六要入	6.0461	6.05
五后有数则进一	6.0451	6.05
五后无数看前位		
前位奇数则进一	6.0350	6.04
前位偶数要舍去	6.0450	6.04
	6.0050	6.00
不论舍去多少位，必须一次修约成	6.05454②	6.05

注：①修约实例中均要求修约至 3 位有效数字。

②不得进行如此修约：6.05456→6.055→6.06。

（四）有效数字的运算规则

在分析测定过程中，往往要经过若干步测定环节，读取若干次的实验数据，然后经过一定的运算步骤才能获得最终的分析结果。在整个测定过程中，多次读得的数据的准确度不一定完全相同。因而，按照一定的运算规则，合理地取舍各数据的有效数字的位数，既可节省时间，又可以保证得到合理的结果。

1. 加减法运算

在加减法运算中误差按绝对误差来传递，所以计算结果的绝对误差应与各数中绝对误差最大的相一致，即计算结果有效数字的保留应以小数点后位数最少的为准，先修约后计算。

例如，$0.110+27.6+1.0326=?$

上述三个数 27.6 的绝对误差最大（±0.1），它决定了总和的不确定性也是 ±0.1，所以上式的计算结果 28.7426 应被修约为 28.7。该式也可用先修约每一个加数再求和的方式来解：

$$0.110+27.6+1.0326 \rightarrow 0.1+27.6+1.0=28.7$$

2. 乘除法运算

在乘除法运算中传递的误差是相对误差，所以计算结果的相对误差应与算式中相对误差最大的那个数相一致，即以有效数字位数最少的数为准，先修约后计算。

例如，要求计算下式的结果：

$$\frac{0.1426 \times 21.14 \times 5.10}{652.0}=?$$

它们的相对误差分别为：

$$\frac{\pm 0.0001}{0.1426} \times 100\% = \pm 0.07\%$$

$$\frac{\pm 0.01}{21.14} \times 100\% = \pm 0.05\%$$

$$\frac{\pm 0.01}{5.10} \times 100\% = \pm 0.2\%$$

其中相对误差最大者为 5.10，所以计算结果也应取 3 位有效数字，上式结果为 0.0236。

在取舍有效数字位数时，还应注意到以下几点：

（1）在运算中，如果算式中某一数据的第一位有效数字大于或等于 8，则有效数字的位数可多算 1 位，如 9.46，虽然只有 3 位有效数字，但可看成有 4 位有效数字参与运算。

（2）在计算过程中，可以暂时多保留一位数字，得到最后结果后再根据四舍五入原则舍去多余的数据。

（3）在大多数情况下，表示误差时，取一位有效数字即已足够，最多取 2 位。

（4）在分析计算中，经常会遇到一些分数，如从 250mL 容量瓶中移取 25mL 溶液时，不能根据 25/250 只有二位或三位数来确定分析结果的有效数字位数，这里的“10”是自然数，可视为足够有效，不影响计算结果的有效数字位数。

四、实验记录

(一)原始记录

原始记录是化学检验工作需要保存的重要原始资料之一，是进行科学研究和技术总结的原始资料，是质检机构或企业的质量保证体系运行的重要客观证据。认真做好原始记录，是保证检验数据确切可靠的重要条件。

原始记录的要求如下：

(1) 实验资料和数据必须要用圆珠笔或钢笔记录在专用的原始记录本上，不能事后抄到本上；实验记录应该在实验现场做，不是万不得已，不得凭记忆补记或修改；记录本上应有页码、日期、温度和湿度等基本项目，不得任意撕页。

(2) 实验记录要求真实、认真和清晰，决不允许伪造或蓄意篡改。除了记录正常的实验现象外，对实验中出现的异常现象也要认真记录。

(3) 根据不同的检验要求，可自行设计一些简单适用的记录表格，供检验时填写。表格项目、内容应满足分析要求。

(4) 要详尽、清楚真实地记录测定条件、仪器、试剂、数据及操作人员。

(5) 采用法定计量单位，数据应按测量仪器的有效读数位记录。发现仪器异常情况或操作失误应注明，此类数据应舍去，不得进入计算。

(6) 更改记错数据的方法为，在原数据上划两条横线表示消去并加盖检验员章，在旁边另写更正数据。

(7) 原始记录应与相应的检验报告统一编号，一并归档，并按顺序排列，以便查阅。

(二)原始数据的处理

原始数据信息庞大，在结果计算和误差分析中并不全用；直接用原始记录进行结果计算和误差分析也很不方便，所以需要对原始数据进行处理。

对于分析工作来说，数据整理需要用清晰的格式把平行试验、空白实验和对照试验中相同步骤记录下来的原始数据进行分类列出，其类别至少包括结果计算和误差分析等数据处理工作中需要的一切原始数据，如试样称量数据、稀释倍数、标准溶液浓度和滴定消耗量、吸光度值等。

数据整理完成后，按分析方法指定的结果计算式计算出各试验的结果，并把它们也列入数据整理表中，以便在误差分析和其他数据处理时使用。

五、数据的统计处理

在分析工作中最后处理分析数据时，一般要求在消除（或校正）了测定误差后，计算出分析结果可能达到的准确范围，即要求计算出分析结果中所包含的随机误差。在这些计算中，首先必须将所得实验数据进行整理，凡是由于明显的原因而引起与其他数据相差很大的数据，先要除去。一些可疑的数据或精密度不高的数据，依照一定的方法，先进行检验，然后决定取舍。只有做了上述处理后，才能计算出分析结果实验所包含的随机误差大小。

1. 可疑数据的取舍

通过对分析计算结果的观察，有时会发现平行试验的计算结果中有一两个数据与其他的数据相差较大，它们被称作可疑值。可疑值的出现可能是由于本次试验存在着过失误差或偶尔的电压波动等因素造成的误差，也可能是我们的感觉和初步判断过分灵敏或浮浅。因此，必须对其加以科学判断和取舍。正确判断可疑值的性质和正确决定其取舍的方法如下。

（1）Dixon 检验法　Dixon 检验法是科学研究中简单实用且严格地决定可疑值取舍的方法，只适用于一组数据中只有一个可疑值的情况，其步骤如下：

①将可疑数据与和它平行的其他数据按从大到小的顺序排列，这时可疑值必然在排头或排尾。

②求出 $Q_{计算}$值。

$$Q_{计算}=\frac{|可疑值-邻近值|}{|最大值-最小值|} \tag{1-3}$$

③通过 Dixon 检验的临界值（$Q_{极限值}$）分布表查 $Q_{表}$值，得到平行测定次数为 n 时的 $Q_{表}$值。

④如果 $Q_{计算} \geq Q_{表}$，则可疑值应被舍去，反之可疑值应被保留。

注：在 Dixon 检验法中，$Q_{计算}$又称为统计量 r 的计算值，统计量 r 的表示式（也称为 $Q_{计算}$的计算式）是一组而不是一种，式（1-3）只是统计量 r（即 Q 计算值）的一个求解计算式，它适应于平行测定次数为 3~7 次范围内 $Q_{计算}$值的计算。

例如，在标定一试剂溶液的浓度时，4 次平行测定的结果分别为 0.1025mol/L、0.1016mol/L、0.1014mol/L、0.1012mol/L，试判断 0.1025mol/L 是否应舍弃？

解：

$$Q_{计算}=\frac{|0.1025-0.1016|}{|0.1025-0.1012|}=0.69$$

根据测定次数是 4，查表 1-4 得 90% 置信度下的 $Q_{表}$为 0.76；由于 $Q_{计算}<Q_{表}$，故应保留 0.1025 这一测定值。

表 1-4　Dixon 检验的临界值（$Q_{极限值}$）分布表

测定次数 n	三种置信概率（P）下的临界值		
	90%	95%	99%
3	0.886	0.941	0.988
4	0.679	0.765	0.889
5	0.557	0.642	0.780
6	0.482	0.560	0.698
7	0.434	0.507	0.637

（2）Grubbs 检验法　Grubbs 检验法可用于一组数据中有一个和有多个可疑值的情况，其方法如下：将平行测定的结果按数据大小依次排成一行，在两头找出可疑值。如果这行数据中只有一个可疑值或两头各有一个可疑值，则直接求出所有数据的平均

值 $\bar{x}$ 和标准偏差 S，如果数据行的某一头有两个以上可疑值时，暂时保留最靠中部的可疑值，把排位在它以外的可疑值暂时搁置一边，求出其他所有数据的平均值 $\bar{x}$ 和标准偏差 S，然后用式（1-4）计算 $T_{计算}$：

$$T_{计算} = \frac{|可疑值 - \bar{x}|}{S} \tag{1-4}$$

此后，以参与计算平均值或标准偏差的所有数据的个数作为测定次数 n，查 Grubbs 检验表（表1-5），求得 $T_{表}$ 值（即统计量 T 的极限值）。

表 1-5　Grubbs 检验的临界值（$T_{表}$）

测定次数 n	临界值（$T_{表}$）	
	置信度 95%	置信度 99%
3	1.153	1.155
4	1.481	1.496
5	1.715	1.764
6	1.887	1.973
7	2.020	2.139
8	2.126	2.274
9	2.215	2.387
10	2.290	2.482

若 $T_{计算} \geq T_{表}$，则该可疑值以及暂时搁置在一边的可疑值都应舍去；反之，该可疑值应保留。接着，应判断刚才搁置在一边的排位紧邻于该数据的第二个可疑值是否取舍。这时只需将排位在这个可疑值以外的可疑值暂时搁置一边，求出其他所有数据的平均值 $\bar{x}$ 和标准偏差 S，然后用同上的方法判断。直到当数据行一边的可疑值取舍完毕后，再以相同方法取舍数据行另一边的可疑值。

2. 精密度评价

考察评价精密度的工作很重要，精密度越高，说明分析方法、仪器、试剂和操作越可靠和稳定，这是定量分析所必需的。

在分析实验中，对样品所进行的一组取样被称为样本。这组平行测定结果之间彼此相符的程度被称为精密度。评价样本分析结果精密度的最常用指标是样本标准偏差（S）和变异系数（CV）。标准偏差就是方差的算术平方根，反映的就是组内样本数据的离散程度。变异系数，又称“离散系数”，是指标准偏差与平均数的比值。

样本标准偏差只表示一组平行测定数据之间的离散程度，如果对试样分几组而获得多组平行测定数据后，则每组的平均值（$\bar{x}_i$）之间的离散程度也存在，并且显然要小于前一个离散程度。分析化学家采用平均值的标准偏差（$S_{\bar{x}}$）表示后一离散程度。平均值的标准偏差（又称标准误）的定义式为：

$$S_{\bar{x}} = \sqrt{\frac{\sum(\bar{x}_i - \bar{\bar{x}}_i)^2}{n-1}} \tag{1-5}$$

式中 $\bar{x}_i$——第 i 组测定结果的平均值

$\bar{\bar{x}}_i$——各组平均值的平均值

n——组数

假如把各组的数据合并为一总样本的数据，算出总的样本标准偏差 S，当总测定次数仍用 n 表示时，统计学已证明下列数值关系成立：$S_{\bar{x}} = S/\sqrt{n}$。这也正是之所以把 $S_{\bar{x}}$，称作标准误差（简称标准误）的原因。

通常把 $S_{\bar{x}}\sqrt{x}$称作相对标准误差，显然相对标准误差越小，整个分析工作的精密度越高。如果做的测定总次数少，通常就用相对标准偏差（即变异系数）简单估计精密度。

3. 分析结果的科学表示

最理想的分析结果应当是许多次正确平行测定的数学期望（μ），严格地说，只有当（$n\to\infty$）时，才有 $\bar{x}\to\mu$。显然这是做不到的，一般的分析工作所采用的平行测定次数仅有 3～5 次，所以实际的分析结果只能是建立在几次平行测定结果基础之上的具有一定置信度的置信区间。统计学已给出该置信区间的表达式：

$$\bar{x} \pm \frac{tS}{\sqrt{n}} \text{ 或 } \bar{x} \pm tS_{\bar{x}}$$

分析化学家和统计学家已证明，最理想的分析结果（即 μ）在设定的置信度下将存在于该置信区间内，所以用式（1－6）来表达分析结果才是科学的。

$$\text{总体均值的置信区间} = \bar{x} \pm \frac{tS}{\sqrt{n}} = \bar{x} \pm tS_{\bar{x}} \quad (1-6)$$

在统计学里 t 被称作置信因子，在这里被称作校正系数，可在 t 分布表 1－6 中查出该值。在通常的情况下，常规分析采用置信度 95%。

表 1－6　t 临界值表

自由度 df	双侧检验的显著水平			自由度 df	双侧检验的显著水平		
	0.10	0.05	0.01		0.10	0.05	0.01
2	2.920	4.303	9.925	8	1.860	2.306	3.355
3	2.353	3.182	5.841	9	1.833	2.262	3.250
4	2.132	2.776	4.604	10	1.812	2.228	3.169
5	2.015	2.571	4.032	15	1.753	2.131	2.947
6	1.943	2.447	3.707	25	1.708	2.060	2.787
7	1.895	2.365	3.499	∝	1.645	1.960	1.289

4. 分析结果的可靠性检验

在分析精密度达到要求后，并不意味着分析结果一定可靠，例如试剂不纯、分析方法存在系统误差等因素并不能在精密度中反映出来，它们可能造成分析结果不准确。只有经过可靠性分析以后，我们才能清楚分析结果具有何等的可靠性。可靠性检验一般包括准确度估计和分析方法可靠性检验。

（1）准确度估计　在真值已知的情况下，例如已从权威的资料报道中查出被测样品中被测物的含量时，可以将该报道值当作真值，分析结果的准确度可以用平均相对误差（RE）表示：

$$\mathrm{RE}=\frac{\bar{x}-\text{真值}}{\text{真值}}\times 100\%\approx\frac{\bar{x}-\mu}{\mu}\times 100\% \tag{1-7}$$

在真值未知的情况下，考查分析结果的准确度的方法是比较样本均值$\bar{x}$和总体均值置信区间的相对大小，样本均值与总体均值置信区间的绝对值之比越大，分析结果的准确度越高。但是请注意，这种判断必须是在已知该分析方法和试剂都是很可靠的前提下才可靠。

（2）分析方法可靠性检验

①总体均值的检验——t 检验法：这种方法是在真值（用μ_0表示）已知，总体标准差（σ）未知，用 t 检验法检验分析方法有无系统误差时采用的方法。具体检验步骤如下：

给定显著水平（α），求出一组平行分析结果的 n、$\bar{x}$和 S 值，代入式（1－8）求出 $t_{\text{计算}}$。

$$t_{\text{计算}}=\frac{\bar{x}-\mu_0}{\frac{S}{\sqrt{n}}} \tag{1-8}$$

从 t 分布表中查出 $t_{\text{表}}$值。

若 $|t_{\text{计算}}|\geq t_{\text{表}}$，说明分析方法存在系统误差，用此方法得出的与 μ 与 μ_0有显著差异。

②两组测量结果的差异显著性检验：这是一种将 F 检验与 t 检验结合的双重检验法，它适用于真值未知的情况，具体做法分三大步。

a. 作对照分析。选用一种公认可靠的参考分析方法，也将被测样品平行测定几次，于是得到对同一样品的两种测定方法的两组数据：$\bar{x}_1$、S_1、n_1和$\bar{x}_2$、S_2、n_2。

b. 作 F 检验。按式（1－9）求出方差比（$F_{\text{计算}}$）。

$$F_{\text{计算}}=\frac{S_{\text{大}}^2}{S_{\text{小}}^2} \tag{1-9}$$

根据$f_1=n_1-1$、$f_2=n_2-1$，在置信度 $P=0.95$（即显著水平 $\alpha=0.05$）的设定下从 F 表（表1－7）中查出 $F_{\text{表}}$值。如果 $F_{\text{计算}}<F_{\text{表}}$，说明 S_1和 S_2及 σ_1 和 σ_2 差异不显著，两组分析有相似的精密度，可以继续往下作 t 检验。否则结论相反，直接可判定现用分析方法不可靠。

c. 作 t 检验。按式（1－10）求出置信因子（t）。

$$t_{\text{计算}}=\frac{\bar{x}_1-\bar{x}_2}{S_P}\sqrt{\frac{n_1 n_2}{n_1+n_2}} \tag{1-10}$$

式中　S_P为合并标准偏差，可按式（1－11）计算：

$$S_P=\sqrt{\frac{(n_1-1)S_1^2+(n_2-1)S_2^2}{n_1+n_2-2}} \tag{1-11}$$

根据$f=n_1+n_2-2$，在置信度 $P=0.95$ 的设定下从 t 临界值表中查出 $t_{\text{表}}$值。如果 $|t_{\text{计算}}|<t_{\text{表}}$，说明 $\bar{x}_1$ 和 $\bar{x}_2$、μ_1 和 μ_2 差异不显著，两组分析有相似的准确度，可判定

现用分析方法可靠。否则结论相反，可判定现用分析方法不可靠。

表 1-7 F 分布临界值表

df_2	df_1 （α =0.05）						df_1 （α =0.01）					
	1	2	3	4	5	6	1	2	3	4	5	6
1	161.4	199.5	215.7	224.6	230.2	234.0	4052	4999	5403	5625	5764	5859
2	18.51	19.00	19.16	19.25	19.30	19.33	98.49	99.01	99.17	99.25	99.30	99.33
3	10.13	9.55	9.28	9.12	9.01	8.94	34.12	30.81	29.46	28.71	28.24	27.91
4	7.71	6.94	6.59	6.39	6.26	6.16	21.20	18.00	16.69	15.98	15.52	15.21
5	6.61	5.79	5.41	5.19	5.05	4.95	16.26	13.27	12.06	11.39	10.97	10.67
6	5.99	5.14	4.76	4.53	4.39	4.28	13.74	10.92	9.78	9.15	8.75	8.47
7	5.59	4.74	4.35	4.12	3.97	3.87	12.25	9.55	8.45	7.85	7.46	7.19
8	5.32	4.46	4.07	3.84	3.69	3.58	11.26	8.65	7.59	7.01	6.63	6.37
9	5.12	4.26	3.86	3.63	3.48	3.37	10.56	8.02	6.99	6.42	6.06	5.80
10	4.96	4.10	3.71	3.48	3.33	3.22	10.04	7.56	6.55	5.99	5.64	5.39

第二章　茶叶生物化学实验技术

第一节　茶叶化学成分测定

实验一　茶叶中水分含量的测定

水分是茶树生命活动中必不可少的成分，也是茶鲜叶的主要化学成分。鲜叶含水量的高低，不仅反映了茶鲜叶的老嫩度、季节、茶树品种的差异性，也反映了茶树的生理状态；制茶过程中茶叶色香味的变化就是伴随着水分变化而变化的，因此，在制茶时常将水分的变化作为控制品质的重要生化指标。茶叶中含水量的高低不仅影响茶叶的物理性状，如弹性、单位体积质量等，还会影响茶叶储藏过程中内含物质的变化及微生物的生长，因此茶叶含水量的多少也是茶叶储藏和贸易过程中的一个重要指标。

茶叶中水分含量的测定分为直接法和间接法两大类。直接法是指利用水分本身的物理性质和化学性质来测定水分的方法，常用的有烘干法、化学干燥法、卡尔－费休法等。直接法测定水分含量在实验室中应用广泛，这类测定方法精确度高，重复性好，但耗费时间多，且主要靠人工操作。间接法并不将样品中的水分除去，而是利用样品的密度、折射率、电导率、介电常数等物理性质测定水分的方法。这类测定方法常需借助各种仪器来测量，所得结果的精确度一般比直接法低，且需要校正；但是间接法速度快，可以自动连续测定。常见的间接法测定仪器有电阻式水分仪、电容式水分仪等。

本实验采用烘干法测定茶叶水分的含量。

（一）实验原理

国家标准规定茶叶中水分含量的测定可采用103℃质量恒定法（仲裁法）或120℃烘干法（快速法）。在一定温度和压力条件下将茶叶样品放在烘箱中加热，样品中的水分受热后产生的蒸汽压高于空气在烘箱中的分压，使样品中的水分蒸发出来，通过不断地加热和排走水蒸气，将样品完全干燥，干燥前后样品质量之差即为样品的水分量，以此计算样品水分的含量。

（二）主要仪器

分析天平（感量0.0001g）、鼓风电热恒温干燥箱、铝质或玻璃烘皿（具盖，内径

75~80mm）、干燥器（内装有效干燥剂）。

（三）实验步骤

1. 烘皿的准备

将洁净的烘皿（皿盖斜置于皿边）置于预先加热至（103±2）℃的干燥箱中，加热1h，加盖取出，于干燥器内冷却至室温，称量（准确至0.001g）。

2. 样品测定

（1）103℃质量恒定法（仲裁法） 称取5g（准确至0.0001g）试样于已知质量的烘皿中，置于（103±2）℃干燥箱内，将皿盖斜置于皿边加热4h，加盖取出，于干燥器内冷却至室温，称量（准确至0.0001g）。再置于干燥箱中加热1h，加盖取出，于干燥器内冷却，称量（准确至0.0001g）。重复加热1h的操作，直至连续两次称量差值不超过0.005g，即为质量恒定，以最小称量值为准。

（2）120℃烘干法（快速法） 称取5g（准确至0.0001g）试样于已知质量的烘皿中，置于120℃干燥箱内（皿盖斜置于皿边）。以2min内回升到120℃时计算，加热1h，加盖取出，于干燥器内冷却至室温，称量（准确至0.0001g）。

（四）结果计算

茶叶水分含量以质量分数（%）表示，按式（2-1）计算。

$$\text{水分含量} = \frac{m_1 - m_2}{m_0} \times 100\% \tag{2-1}$$

式中 m_0——试样的质量，g

m_1——试样和烘皿烘前的质量，g

m_2——试样和烘皿烘后的质量，g

（五）讨论

应用烘干法测定水分的样品应当符合下述三个条件：①水分是样品中唯一的挥发物质；②水分可以彻底地被除去；③在加热过程中，样品中的其他组分由于发生化学反应而引起的质量变化可以忽略不计。由于烘干法不能完全排除茶样中的结合水，所以它不可能测出茶样中真正的水分。烘干法测得的水分质量中包括了茶样在103℃左右所失去的挥发物质，如茶叶的芳香物质。

（六）注意事项

（1）茶叶水分含量测定的关键是取样均匀和天平的使用技术。烘干的茶样很易吸潮，称量时应快速而准确。

（2）烘干后的烘皿不要直接用手拿，特别是夏天，手上易出汗而影响测定值。

（3）快速法以高温、短时为特点，因此，操作必须十分严密。快速法测定水分的关键在于控温、控时。

实验二　茶叶水浸出物含量的测定

茶叶中能溶于热水的可溶性物质，统称为茶叶水浸出物。茶叶水浸出物的含量与鲜叶的老嫩、茶树品种、栽培条件、制茶技术及冲泡水量、冲泡时间等密切相关。茶叶水浸出物的多少与茶叶品质成正相关，即茶叶品质越好，水浸出物含量就越高，因此，测定茶叶水浸出物的含量有助于正确评价茶叶品质的高低。

水浸出物含量的测定主要有全量法和差数法，原国际标准、国家标准及出口商检标准都采用全量法，现行的国际标准及国家标准已修改为差数法。下面主要介绍差数法测定茶叶水浸出物的含量。

（一）实验原理

用沸水回流提取茶叶中的水可溶性物质，再经过滤、冲洗茶渣，将茶渣干燥后称量，用差数法计算水浸出物的含量。

（二）主要仪器

分析天平（感量0.0001g）、鼓风电热恒温干燥箱（控温±2℃）、电热恒温沸水浴、抽滤装置（图2－1）、磨碎机（内装孔径为3mm的筛子）、铝质或玻璃烘皿（具盖，内径75～80mm）、干燥器（内装有效干燥剂）、回流冷凝管（图2－2）、常规玻璃器皿等。

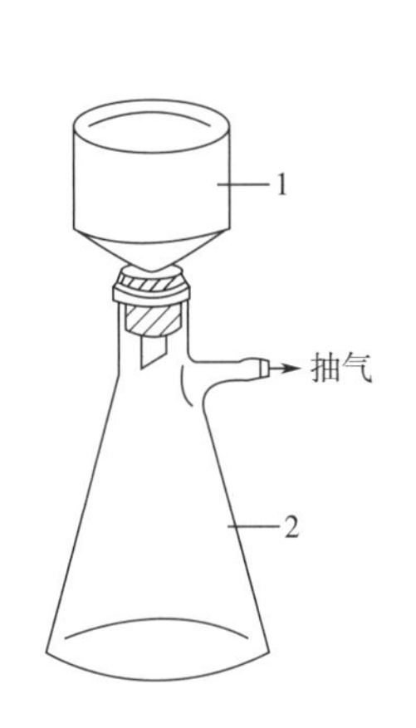

图2－1 减压抽滤装置

1—平底漏斗 2—抽滤瓶

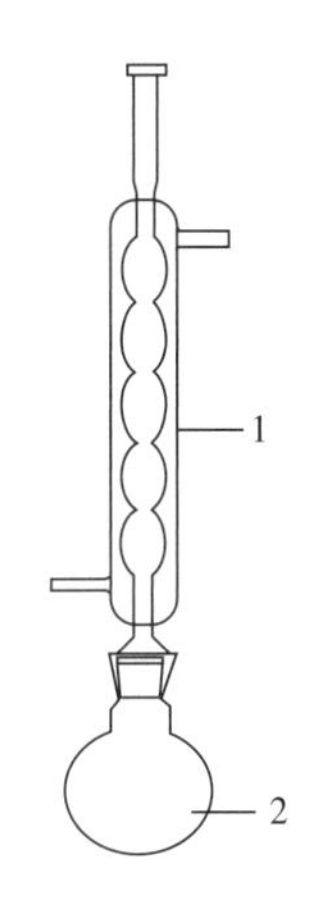

图2－2 回流提取装置

1—冷凝管 2—圆底烧瓶

（三）实验步骤

1. 试样的制备

先用磨碎机将少量试样磨碎，弃去；再用磨碎机磨碎余下部分试样，备用。

2. 烘皿的准备

将洁净的烘皿连同15cm定量快速滤纸置于（120±2）℃的恒温干燥箱中，皿盖打开斜置于皿边，加热烘1h后加盖取出，于干燥器内冷却至室温，称量（准确至0.0001g）。

3. 茶叶的浸提

称取2g（准确至0.0001g）磨碎试样于500mL锥形瓶中，加沸蒸馏水300mL，立即移入沸水浴中，浸提45min，每隔10min摇动一次（磨碎试样也可置于磨口圆底烧瓶中，加沸蒸馏水后立即移入沸水浴中，装上回流冷凝管回流提取45min）。浸提完毕后立即趁热用已干燥的定量滤纸减压过滤，用约150mL沸蒸馏水洗涤茶渣数次。

4. 茶渣的干燥

将茶渣连同已知质量的滤纸移入已干燥的烘皿内，然后移入（120±2）℃的恒温干燥箱中加热干燥1h，加盖取出冷却1h，再烘1h，立即移入干燥器内冷却至室温，称量（准确至0.0001g）。

（四）结果计算

茶叶水浸出物的含量以干态质量分数（%）表示，按式（2-2）计算：

$$\text{水浸出物含量} = \left(1 - \frac{m_1}{m_0 \times \omega}\right) \times 100\% \qquad (2-2)$$

式中 m_0——试样的质量，g

m_1——干燥后的茶渣质量，g

ω——试样干物质含量，%

（五）注意事项

（1）在重复条件下同一样品获得的两次独立测定结果的绝对差值不得超过算术平均值的2%。如果符合该重复性要求，则取三次独立测定结果的算术平均值为茶叶水浸出物的含量，结果保留小数点后1位。

（2）用差数法测定茶叶水浸出物含量时，试样经磨碎的比不磨碎的测定值高，变异系数小，故测定前茶叶要磨碎过筛。

实验三　茶叶中茶多酚类含量的测定

茶多酚是茶叶中所有多酚类物质的总称。茶多酚不仅是茶叶的主要化学成分之一，也是茶叶最重要的品质成分和功能成分之一。茶多酚含量多少与茶树品种、环境条件、生长季节、加工方法及储藏条件等有关。检测茶多酚含量对评价茶叶品质具有非常重要的作用，同时对于茶叶深加工产品如茶饮料、茶叶提取物、速溶茶等的品质评判也有重要作用。

茶多酚含量的测定方法主要有福林酚法和酒石酸亚铁比色法。酒石酸亚铁比色法，方法简便、快捷、重现性好，容易掌握，曾被列为国家标准方法。福林酚法（即Folin-Ciocalteu法）是国际上植物中酚类化合物含量测定的常用方法。福林酚法所用试剂称为福林酚试剂（Folin-Ciocalteu试剂），其本身并不含酚，而是磷钼酸和磷钨酸的混合物。它是由美国科学家Folin和Ciocalteu在1929年发明，主要用于检测含酚成分。2005年3月1日，国际标准化组织茶叶分技术委员会ISO/TC34/SC8将此法设定为国际标准《叶茶和速溶茶中多酚类总量测定》ISO 14502—1：2005。随后我国也将此法作为我国国家标准，于2008年10月1日正式实施。

（一）方法一：福林酚法

1. 实验原理

福林酚试剂是一种氧化剂，在碱性条件下能与多酚物质发生氧化还原反应，使其中六价的钨还原成五价而形成蓝色物质，该化合物在波长765nm处有最大吸收，在一定范围内其颜色深浅与酚类化合物的含量成正比。

福林酚法测定茶叶中茶多酚含量常用没食子酸作标准品，根据标准曲线定量茶多酚。如果试样中含有其他酚类化合物或其他还原物质，也会被同时测定。

2. 仪器与试剂

（1）主要仪器　分析天平、分光光度计、恒温水浴锅、低速离心机、常规玻璃器皿等。

（2）主要试剂　水（重蒸水），甲醇（分析纯）、碳酸钠（分析纯）、福林酚试剂、没食子酸标准品等。

（3）试剂配制

①70% 甲醇水溶液：将甲醇与水按体积比 7:3 的比例混合均匀。

②10% 福林酚试剂（现配）：准确吸取福林酚试剂原液 25mL 于 250mL 容量瓶中，用重蒸水定容至刻度，摇匀，避光储存。

③7.5% Na_2CO_3 溶液：准确称取 75.00g 无水 Na_2CO_3，加适量水溶解，转移至 1000mL 容量瓶中，定容至刻度，摇匀（室温下可保存 1 个月）。

④没食子酸标准储备溶液（1000μg/mL，现配）：准确称取 0.1100g 没食子酸（GA，相对分子质量 188.14），用少量重蒸水溶解后，全部转移至 100mL 容量瓶中，定容至刻度，摇匀，避光储存。

⑤没食子酸标准工作液：分别准确吸取 1.0mL、2.0mL、3.0mL、4.0mL、5.0mL 没食子酸标准储备溶液于 100mL 容量瓶中，用重蒸水定容至刻度，摇匀。没食子酸标准工作液浓度分别为 10μg/mL、20μg/mL、30μg/mL、40μg/mL、50μg/mL。

3. 实验步骤

（1）标准曲线的制作　分别移取 1.0mL 系列没食子酸标准工作液及水（作空白对照用）于 10mL 比色管内，每个试管内分别加入 5.0mL10% 福林酚试剂，摇匀，3～8min 内加入 4.0mL 7.5% Na_2CO_3溶液，摇匀，室温下放置 60min，用 10mm 比色皿，以试剂空白为参比，在波长 765nm 处测定吸光度值。以没食子酸标准工作液的浓度为横坐标、溶液的吸光度值为纵坐标绘制标准曲线。

（2）茶多酚的提取　称取 0.2000g 均匀磨碎的茶样于 10mL 离心管中，加入预先保温于 70℃水浴中的 70% 甲醇溶液 5mL，用玻璃棒充分搅拌使茶样均匀湿润，立即移入 70℃水浴中，浸提 10min（隔 5min 搅拌一次）。浸提后冷却至室温，于 3500r/min 转速下离心 10min，将上清液转移至 10mL 容量瓶。残渣再用 5mL 70% 甲醇溶液提取一次，重复以上操作。合并二次提取液，定容至刻度，摇匀备用（该提取液在 4℃下至多可保存 24h）。

（3）茶多酚测试液的制备　准确移取上述茶多酚提取液 1.0mL 于 100mL 容量瓶中，用重蒸水定容至刻度，摇匀，待测。

（4）试样测定　准确吸取茶多酚测试液 1.0mL 于 10mL 比色管内，按照标准曲线制作步骤分别加入 10% 福林酚试剂及 7.5% Na_2CO_3溶液，摇匀，放置 60min 后，以试剂空白为参比，测定溶液吸光度值。

4. 结果计算

比较试样和没食子酸标准工作液的吸光度值，按式（2－3）计算：

$$茶多酚含量 = \frac{A \times V \times d}{SLOPE_{std} \times m \times 10^6 \times \omega} \times 100\% \quad (2-3)$$

式中 A——样品测试液吸光度值

V——样品提取液体积（10mL）

d——稀释因子（通常为1mL稀释成100mL，则其稀释因子为100）

$SLOPE_{std}$——没食子酸标准曲线的斜率

ω——样品干物质含量，%

m——样品质量，g

5. 注意事项

（1）同一样品的两次测定值之差，每100g试样不得超过0.5g。如果符合该重复性要求，则结果以重复性条件下获得的三次独立测定结果的算术平均值表示，结果保留小数点后2位。

（2）样品的吸光度值应在没食子酸标准工作曲线的校准范围内，若样品吸光度值高于50μg/mL没食子酸标准工作溶液的吸光度值，则应重新配制高浓度没食子酸标准工作液进行校准，或者对样品溶液进行稀释。

（3）福林酚法测定多酚含量常以没食子酸为标准品，故而其适用范围较宽，不仅可以用于茶叶茶多酚含量测定，还可适用于茶叶提取物、茶叶深加工制品等产品。

（4）由于多酚类物质不稳定，易发生氧化聚合等化学反应，在实验操作过程中可进行避光处理来防止多酚的氧化分解，因此最好采用棕色的器皿。

（5）试样中的维生素C、酪氨酸、色氨酸及蛋白质等也可在此条件下和福林酚试剂反应显色，因为它们的存在会使测定结果偏高；不过，在大多数情况下，除维生素C外，这些干扰物在提取液中含量很少，且在随后的显色过程中它们的显色灵敏度远低于酚类物质。

（二）方法二：酒石酸亚铁法比色法

1. 实验原理

在一定pH条件下，酒石酸亚铁与茶叶中多酚类物质形成蓝紫色络合物，该络合物在波长540nm处有最大吸收；在适当的浓度范围内，茶多酚的量与呈色的深浅成正比，可用分光光度法定量。

2. 仪器与试剂

（1）主要仪器　分析天平、分光光度计、恒温水浴锅、抽滤装置、常规玻璃器皿等。

（2）主要试剂及其配制

①所用试剂均为分析纯，水为蒸馏水。

②酒石酸亚铁溶液：准确称取1.0g七水硫酸亚铁（$FeSO_4 \cdot 7H_2O$）与5.0g四水酒石酸钾钠（$KNaC_4H_4O_6 \cdot 4H_2O$），加水溶解后稀释、定容至1L。该溶液低温保存有效期10d。

③pH 7.5的磷酸盐缓冲液：先配制以下两种溶液：

1/15mol/L磷酸氢二钠溶液：称取9.470g无水磷酸氢二钠（Na_2HPO_4）或者11.876g二

水磷酸氢二钠（$Na_2HPO_4 \cdot 2H_2O$）或者 23.872g 十二水磷酸氢二钠（$Na_2HPO_4 \cdot 12H_2O$），加水溶解后稀释、定容至 1L。

1/15mol/L 磷酸二氢钾溶液：称取 9.078g 经 110℃烘干 2h 的磷酸二氢钾（KH_2PO_4），加水溶解后稀释、定容至 1L。

取 1/15mol/L 磷酸氢二钠溶液 850mL 和 1/15mol/L 磷酸二氢钾溶液 150mL 混合均匀，即为 pH 7.5 的磷酸盐缓冲液。

3. 实验步骤

（1）供试液制备　准确称取磨碎茶叶试样 3.000g 于 500mL 锥形瓶中，加入沸蒸馏水 450mL，立即移入沸水浴中浸提 45min，每隔 10min 摇动一次。浸提完毕后立即趁热减压抽滤，残渣用少量热蒸馏水洗涤 2~3 次，再次抽滤。滤液冷却后全部移入 500mL 容量瓶中，用蒸馏水定容，摇匀。

（2）测定　准确吸取供试液 1mL，注入 25mL 容量瓶中，加水 4mL 和酒石酸亚铁溶液 5mL，混合均匀，用 pH 7.5 磷酸盐缓冲液定容，混匀。用 10mm 比色血，以试剂空白为参比，在波长 540nm 处测定吸光度值。

4. 结果计算

茶叶中茶多酚的含量以干态质量分数（%）表示，按式（2-4）计算：

$$茶多酚含量 = \frac{A \times 1.957 \times 2}{1000} \times \frac{V_1}{V_2 \times m \times \omega} \times 100\% \qquad (2-4)$$

式中　V_1——样品供试液总体积，mL

V_2——测定用供试液体积，mL

m——试样质量，g

ω——试样干物质含量，%

A——试样吸光度值

1.957——用 10mm 比色皿，当吸光度值等于 0.50 时，每毫升茶汤中含茶多酚的量相当于 1.957mg

5. 注意事项

（1）酒石酸亚铁比色法由于采用经验系数 1.957，故而仅适用于茶叶中茶多酚含量的测定，而不适用于茶叶提取物等其他产品中茶多酚含量的测定。

（2）酒石酸亚铁主要与多酚中的邻位酚羟基和连位酚羟基作用，生成蓝紫色络合物，尤其以连位酚羟基络合能力最强，对间位羟基和单羟基不呈色。

（3）pH 对测定结果有影响。茶叶多元酚类物质的羟基能与酒石酸亚铁溶液产生稳定的紫色，但连位和邻位羟基对 pH 有不同的反应，以 pH 7.5 最合适。

（4）同一样品的两次测定值之差，每 100g 试样不得超过 0.5g。如果符合该重复性要求，则结果以重复性条件下获得的三次独立测定结果的算术平均值表示，结果保留小数点后 2 位。

实验四　茶叶中黄酮类化合物总量的测定

茶叶中的黄酮类化合物主要是黄酮醇及其苷类化合物，茶鲜叶中黄酮类化合物含量占其干物质重的3%~4%。黄酮类化合物是茶叶水溶性黄色素的主体物质，是构成绿茶汤色的重要组成，其含量高低直接影响茶叶（特别是绿茶）品质。

本实验采用三氯化铝比色法和亚硝酸钠－硝酸铝比色法这两种常用的测定方法测定茶叶中黄酮类化合物总量。

（一）方法一：三氯化铝比色法

1. 实验原理

茶叶中黄酮类化合物与三氯化铝作用后，生成黄色的黄酮铝络合物，该络合物在波长420nm处有最大吸收；在适当的浓度范围内，黄酮类化合物的量与该络合物呈色的深浅成正比，可用分光光度法定量。

2. 仪器与试剂

（1）主要仪器　分析天平、分光光度计、恒温水浴锅、抽滤装置、常规玻璃器皿等。

（2）主要试剂及其配制　1%三氯化铝溶液：称取1.7567g六水三氯化铝（$AlCl_3 \cdot 6H_2O$），加水溶解后，定容至100mL。

3. 实验步骤

（1）供试液制备　称取2.00g茶叶磨碎干样，加入沸蒸馏水80mL，立即移入沸水浴中提取30min，每隔10min摇动一次。浸提完毕后立即趁热抽滤，残渣用少量热蒸馏水洗涤2~3次，抽滤，滤液冷却后全部转移至100mL容量瓶，用蒸馏水定容，摇匀即为供试液。

（2）显色测定　吸取供试液0.5mL，加入1% $AlCl_3$溶液10mL，摇匀，静置10min。用10mm比色血，以试剂空白为参比，在波长420nm处测定吸光度值。

4. 结果计算

茶叶中黄酮类化合物总量按式（2－5）计算：

$$\text{黄酮苷}(\text{mg/g}) = \frac{A \times 320}{1000} \times \frac{V_1}{V_2 \times m \times \omega} \tag{2-5}$$

式中　A——试样吸光度值

V_1——样品供试液总体积，mL

V_2——测定用供试液体积，mL

m——试样的质量，g

ω——试样干物质含量，%

320——用10mm比色皿，当吸光度值等于1.00时，每1mL茶汤中含黄酮的量相当于320μg

5. 注意事项

（1）茶叶中黄酮类物质大部分是以糖苷的形式存在的，因此可采用黄酮苷为基准物质作定量标准曲线。

（2）同一样品的两次测定值之差，每100g试样不得超过0.5g。如果符合该重复性要求，则结果以重复性条件下获得的三次独立测定结果的算术平均值表示，结果保留小数点后2位。

（二）方法二：亚硝酸钠 - 硝酸铝比色法

1. 实验原理

在亚硝酸钠 - 硝酸铝 - 碱性反应体系中，黄酮类化合物与铝离子作用生成有色络合物，该络合物在波长 508nm 处有强的光吸收，其吸收强度与络合物浓度成正比，可用分光光度法定量。

2. 仪器与试剂

（1）主要仪器　分析天平、分光光度计、恒温水浴锅、索氏提取器（图 2 - 3）、常规玻璃器皿等。

（2）主要试剂　芦丁标准品（纯度≥95%），甲醇、亚硝酸钠、硝酸铝、氢氧化钠均为分析纯。

（3）试剂配制

①5% 亚硝酸钠溶液：准确称取 5.0g 亚硝酸钠（$NaNO_2$）固体，加蒸馏水溶解后，以水定容至 100mL。

②10% 硝酸铝溶液：准确称取 10.0g 硝酸铝［$Al(NO_3)_3$］固体，加蒸馏水溶解后，以水定容至 100mL。

③4% 氢氧化钠溶液：准确称取 4.0g 氢氧化钠（NaOH）固体，加蒸馏水溶解后，以水定容至 100mL。

④0.2mg/mL 芦丁标准溶液：准确称取在 120℃、0.06MPa 条件下干燥至恒重的芦丁标准品 200mg，用少量甲醇在通风橱中略加热溶解，溶液冷却后全部转移入 100mL 容量瓶，用甲醇定容、混匀。吸取 10mL 此溶液置于 100mL 容量瓶，用蒸馏水定容、混匀。

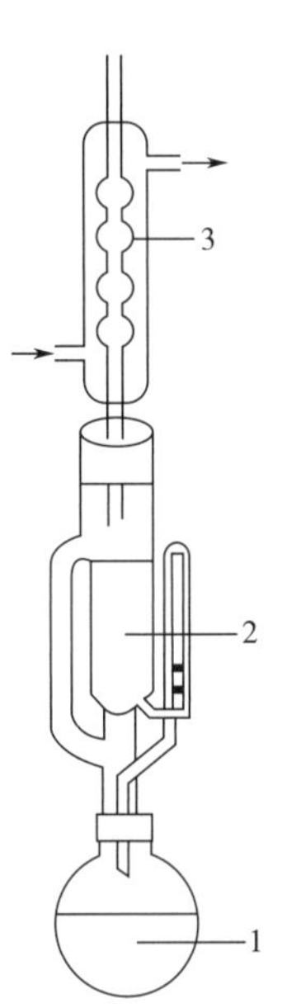

图 2 - 3　索氏提取器

1—球形烧瓶　2—提取筒　3—冷凝管

3. 实验步骤

（1）标准曲线绘制　取上述 0.2mg/mL 芦丁溶液 0.0mL、1.0mL、2.0mL、3.0mL、4.0mL、5.0mL、6.0mL 分别置于 25mL 容量瓶中，先各加入 5% 亚硝酸钠溶液 1mL，混匀，室温静置 6min；各容量瓶再分别加入 10% 硝酸铝溶液 1mL，混匀，室温静置 6min；再次各加入 4% 氢氧化钠溶液 10mL，用蒸馏水定容，静置 15min。用 10mm 比色皿，以第一瓶为参比，在波长 508nm 处测定吸光度值。以芦丁的浓度为横坐标、溶液的吸光度值为纵坐标绘制标准曲线。

（2）供试液制备　准确称取 1.00g 茶叶磨碎干样，置于索氏提取器中，加入 60mL 甲醇，80℃ 回流提取 60min，提取液冷却至室温，将甲醇提取液全部转移至 100mL 容量瓶，用甲醇定容，混匀。吸取该甲醇提取液 10mL 于 100mL 容量瓶，用蒸馏水定容，混匀即为供试液。

（3）供试液测定　吸取上述供试液 3.0mL 于 25mL 容量瓶中，余下步骤与标准曲线绘制相同。

4. 结果计算

茶叶中黄酮类化合物总量以芦丁当量（RE）计，按式（2－6）计算：

$$\text{黄酮类化合物含量(mg RE/g)} = \frac{m_2 \times V_1 \times d}{V_2 \times m \times m_1 \times \omega} \tag{2-6}$$

式中 V_1——样品提取液体积，mL

V_2——测定供试液体积，mL

d——样品提取液稀释倍数

m_1——样品质量，g

m_2——根据吸光度值由标准曲线求得供试液中黄酮类化合物总量，mg/mL

ω——样品干物质含量，%

5. 注意事项

（1）同一样品的两次测定值之差，每100g试样不得超过0.5g。如果符合该重复性要求，则结果以重复性条件下获得的三次独立测定结果的算术平均值表示，结果保留小数点后2位。

（2）茶叶中黄酮及黄酮醇一般难溶于水，较易溶于甲醇、乙醇等有机溶剂，故本实验用甲醇提取茶叶中黄酮类化合物。

实验五　茶叶中儿茶素总量及组分的测定

儿茶素类物质是茶多酚的主要成分，也是茶叶中含量最高的生物活性物质，与茶叶品质成正相关。茶鲜叶中儿茶素含量的高低与茶树品种、栽培条件和鲜叶质量等密切相关。儿茶素的氧化程度是茶叶分类的一个重要依据，其含量高低是茶鲜叶适制性的重要判断指标之一。

（一）方法一：香荚兰素比色法测定儿茶素总量

1. 实验原理

在强酸性条件下，儿茶素和香荚兰素生成橘红色到紫红色产物，该物质红色的深浅和儿茶素的含量成一定的比例关系。该红色物质在波长500nm处有最大吸收，可用分光光度法测定吸光度值来定量。

2. 仪器与试剂

（1）主要仪器　分析天平、分光光度计、恒温水浴锅、抽滤装置、移液器、常规玻璃器皿等。

（2）主要试剂及其配制

①所用试剂均为分析纯，水为蒸馏水。

②1%香荚兰素盐酸溶液：准确称取1.0g香荚兰素溶于100mL浓盐酸（36%，相对密度1.1789）中。配好的香荚兰素盐酸溶液呈淡黄色，若变红或变蓝绿色均属变质，不宜使用。该试剂不耐贮藏，宜现配现用，配好后置4℃放置可用1d。

3. 实验步骤

（1）供试液制备　称取磨碎绿茶样1.00g或红茶样2.00g至100mL磨口锥形瓶中，

加95%乙醇20mL，在水浴上回流提取30min（提取过程中保持提取溶液微沸）；提取完毕后趁热过滤，洗涤，冷却，用95%乙醇定容至25mL。

（2）测定　吸取供试液10μL或20μL，注入盛有1mL 95%乙醇的比色管中，摇匀，再加入1%香荚兰素盐酸溶液5mL，加塞后摇匀显红色。放置40min后，用10mm比色皿，以试剂空白为参比溶液，在500nm波长处测定溶液吸光度值（A）。

4. 结果计算

茶叶中儿茶素的含量以干态质量分数表示，按式（2-7）计算：

$$儿茶素总量(mg/g) = \frac{A \times 72.84}{1000} \times \frac{V_1}{V_2 \times m \times \omega} \tag{2-7}$$

式中　V_1——样品供试液总量，mL

V_2——测定时的用液量，mL

m——试样质量，g

ω——试样的干物质含量，%

A——供试液吸光度值

72.84——用10mm比色皿，当吸光度等于1.00时，被测液中儿茶素含量为72.84μg

5. 注意事项

（1）该反应不受花青素和黄酮苷的干扰，在某种程度上可以说，香荚兰素是儿茶素的特异显色剂，显色灵敏度高，最低检出量可达0.5μg。

（2）本方法适用于茶鲜叶、成品茶以及茶叶制品中儿茶素总量的测定。

（3）本实验所用浓盐酸具有强挥发性和刺激性，使用时要注意安全。

（二）方法二：高效液相色谱法测定茶叶中儿茶素总量及组分

1. 实验原理

液相色谱法的分离原理是基于被测物质在固定相和流动相两相间的亲和力差异而实现分离。常用反相高效液相色谱法测定茶叶中儿茶素组分。反相高效液相色谱是由非极性固定相和极性流动相所组成的液相色谱体系。采用μBondapak C_{18}色谱柱，进行梯度洗脱，儿茶素组分能得到很好的分离和定量。

高效液相色谱法测定茶叶中儿茶素组分，可以用儿茶素类标准物质外标法直接定量，也可用儿茶素类与咖啡因的相对校正因子RRF_{std}（ISO国际环试结果）来定量（表2-1）。

2. 仪器与试剂

（1）主要仪器　分析天平，恒温水浴锅，离心机，混匀器，高效液相色谱仪、紫外检测器及数据处理系统，C_{18}液相色谱柱（粒径5μm，250mm×4.6mm），微量进样器，超声波清洗仪等。

（2）主要试剂及其配制

①本实验所用水均为超纯水，乙腈与乙酸均为色谱纯，甲醇、乙二胺四乙酸（EDTA）、抗坏血酸、没食子酸（GA）等试剂均为分析纯，儿茶素标准品、咖啡因标准品。

②70%甲醇水溶液：将甲醇与水按体积比7:3混合均匀。

③10mg/mL乙二胺四乙酸（EDTA）溶液：称取11.071g乙二胺四乙酸二钠二水合

物，加入适量水中溶解后，稀释、定容至1L，现用现配。

④10mg/mL抗坏血酸溶液：称取1.0g抗坏血酸，加入适量蒸馏水中溶解后，定容至100mL棕色容量瓶中，现用现配。

⑤稳定溶液：分别将25mL EDTA溶液、25mL抗坏血酸溶液、50mL乙腈加入500mL容量瓶中，用水定容至刻度，摇匀。

⑥液相色谱流动相：

流动相A：分别将90mL乙腈、20mL乙酸、2mL EDTA溶液加入1000mL容量瓶中，用水定容至刻度，摇匀。溶液需过0.45μm膜。

流动相B：分别将800mL乙腈、20mL乙酸、2mL EDTA溶液加入1000mL容量瓶中，用水定容至刻度，摇匀。溶液需过0.45μm膜。

⑦标准储备溶液：

咖啡因储备溶液：2.00mg/mL。

没食子酸储备溶液：0.100mg/mL。

儿茶素标准储备溶液：1.00mg/mL儿茶素（C），1.00mg/mL表儿茶素（EC），2.00mg/mL表没食子儿茶素（EGC），2.00mg/mL表没食子儿茶素没食子酸酯（EGCG），2.00mg/mL表儿茶素没食子酸酯（ECG）。

⑧儿茶素标准工作溶液：用稳定溶液配制儿茶素标准工作溶液。

儿茶素标准工作溶液浓度分别为没食子酸5~25μg/mL、咖啡因50~150μg/mL、50~150μg/mL儿茶素、50~150μg/mL表儿茶素、100~300μg/mL表没食子儿茶素、100~400μg/mL表没食子儿茶素没食子酸酯、50~200μg/mL表儿茶素没食子酸酯。

3. 实验步骤

（1）供试液制备

①母液：称取0.2g（精确到0.001g）均匀磨碎的试样于10mL离心管中，加入预热至70℃的70%甲醇溶液5mL，用玻璃棒充分搅拌，让试样均匀湿润后，立即将离心管移入70℃水浴中，浸提10min（隔5min搅拌一次），冷却至室温后，转入离心机在3500r/min转速下离心10min，将上清液转移至10mL容量瓶。残渣再用70%甲醇溶液重复以上操作提取一次。合并两次提取液，定容至10mL，摇匀，过0.45μm膜，待用（该提取液在4℃可至多保存24h）。

②测试液：用移液管移取2mL母液至10mL容量瓶中，用稳定溶液定容至刻度，摇匀，过0.45μm膜，待测。

（2）测定

①色谱条件：

流动相流速：1mL/min；柱温35℃；紫外波长278nm。

梯度洗脱条件：0~10min，A相保持100%；10~25min，由100% A相线性变为68% A相+32% B相；25~35min，保持68% A相+32% B相；35min后，洗脱相线性变为100% A相。

②测定：待高效液相色谱仪的流速和柱温稳定后，进行空白运行至系统稳定。准确吸取10μL混合标准系列工作液注射入高效液相色谱仪，在相同的色谱条件下注射

10μL 测试液。测试液以峰面积定量。

4. 结果计算

（1）儿茶素含量计算方法

①以儿茶素类标准物质定量，按式（2－8）计算：

$$儿茶素含量 = \frac{A \times f_{std} \times V \times d}{m \times 10^6 \times \omega} \times 100\% \quad (2-8)$$

式中 A——所测样品中被测成分的峰面积

f_{std}——所测成分的校正因子（浓度/峰面积，浓度单位为 μg/mL）

V——样品提取液的体积，mL

d——稀释因子（通常为 2mL 稀释成 10mL，则其稀释因子为 5）

m——样品质量，g

ω——样品干物质含量，%

②以咖啡因标准物质定量，按式（2－9）计算：

$$儿茶素含量 = \frac{A \times RRF_{std} \times V \times d}{S_{caf} \times m \times 10^6 \times \omega} \times 100\% \quad (2-9)$$

式中 A——所测样品中被测成分的峰面积

RRF_{std}——所测成分相对于咖啡因的校正因子

S_{caf}——咖啡因标准曲线的斜率（峰面积/浓度，浓度单位为 μg/mL）

V——样品提取液的体积，mL

d——稀释因子（通常为 2mL 稀释成 10mL，则其稀释因子为 5）

m——样品质量，g

ω——样品干物质含量，%

（2）儿茶素类、没食子酸相对咖啡因的校正因子表见表 2－1。

表 2－1　儿茶素类、没食子酸相对咖啡因的校正因子表

名称	GA	EGC	C	EC	EGCG	ECG
RRF_{std}	0.84	11.24	3.58	3.67	1.72	1.42

（3）儿茶素类总量计算公式

儿茶素类含量＝EGC 含量＋C 含量＋EC 含量＋EGCG 含量＋ECG 含量

5. 注意事项

（1）同一样品儿茶素类总量的两次测定值相对误差应≤10%。如果符合该重复性要求，则结果以重复性条件下获得的三次独立测定结果的算术平均值表示，结果保留小数点后 2 位。

（2）本法适用于茶鲜叶、成品茶及茶叶加工制品中儿茶素总量和组分的测定。

实验六　茶叶中花青素含量的测定

花青素是茶多酚的组成成分之一，是一类重要的水溶性色素。花青素与茶叶品质密切相关，对茶叶的叶底色泽、汤色及干茶色泽均有较大影响。花青素的形成积累与茶树新梢生长发育状态及环境条件密切相关，紫色芽叶中含量较多，可达0.5%~1%。利用花青素含量较高的紫色芽叶制成的绿茶，汤色发暗，滋味苦涩，叶底靛青，品质较差；若加工红茶，也会汤色、叶底乌暗，品质也较差。

（一）实验原理

茶叶中的花青素多以糖苷的形式存在，花青素在酸性溶液中呈红色，其颜色的深浅与花青素浓度成正比，可用分光光度计测定其含量。

（二）仪器与试剂

1. 主要仪器

分析天平、分光光度计、恒温水浴锅、离心机、常规玻璃器皿等。

2. 主要试剂及其配制

（1）无水乙醇、盐酸均为分析纯。

（2）1.5mol/L盐酸溶液　取12.3mL浓盐酸（相对密度为1.19，优级纯），以水稀释、定容至100mL。

（3）酸性乙醇溶液　取15mL 1.5mol/L盐酸与85mL无水乙醇混匀。

（三）实验步骤

1. 定性分析

称取3.0g茶叶于干燥锥形瓶中，加入沸水150mL，冲泡5min后，倒出茶汤，加酸性乙醇10mL，显出红色者则有花青素，不显红色者则无花青素。

2. 定量测定

准确称取1.0g或2.0g磨碎茶叶干样，加沸水40mL，在沸水浴中提取30min，过滤；滤液加水定容至50mL，即为供试液。

准确吸取2~4mL供试液于比色管中，加酸性乙醇溶液至10mL，摇匀，静置显色30min后，取澄清的红色溶液，用10mm比色皿，以酸性乙醇溶液为参比，在波长535nm处测定吸光度值。如溶液中有絮状沉淀，可经离心（2000~2500r/min，离心5min）后取上清液测定。

（四）结果计算

茶叶中花青素的含量以干态质量分数表示，按式（2-10）计算花青素含量：

$$\text{花青素(mg/g)} = \frac{\frac{A}{V} \times 101.83}{m \times \omega} \tag{2-10}$$

式中　A——供试液吸光度值

V——供试液体积，mL

101.83——为摩尔消光系数（溶液浓度为1.0g/L时的吸光系数）

ω——样品干物质含量，%

m——样品干质量，g

（五）注意事项

（1）在重复条件下同一样品获得的两次独立测定结果的绝对差值不得超过算术平均值的10%。如果符合该重复性要求，则结果以重复性条件下获得的三次独立测定结果的算术平均值表示，结果保留小数点后 2 位。

（2）本测法仅适用于鲜叶和绿茶中花青素含量的分析，红茶因茶汤本身有色，必须设法除去茶多酚的红色氧化产物后才能鉴定。

（3）供试液中加酸性乙醇溶液后，如出现絮状沉淀，为果胶等物质，可通过离心除去。

（4）浓盐酸稀释时，要将所需水缓缓倒入浓盐酸中，并用玻璃棒轻缓不断搅动，防止发生爆炸，因为浓盐酸在加水稀释过程中会产生大量的热。浓盐酸稀释时最好戴上口罩，避免挥发出来的雾状盐酸伤害人的呼吸系统。

（5）本法可进行花青素的定性、定量分析，且不受黄酮苷、儿茶素的干扰。

实验七　茶叶中咖啡因含量的测定

咖啡因具有兴奋神经中枢、利尿、助消化等药理功能，是一类重要的生物活性物质。咖啡因也是茶汤主要的苦味成分之一，是影响茶叶品质的重要因素。茶叶咖啡因含量的高低与茶树品种、茶树生育阶段、生长季节、环境条件等有关。测定茶叶咖啡因含量，可用于茶叶品质鉴定、茶树品种选育等。

本实验采用紫外分光光度法和高效液相色谱法测定茶叶咖啡因的含量。

（一）方法一：紫外分光光度法

1. 实验原理

咖啡因易溶于水，在 274nm 左右有强烈的吸收，可利用朗伯 - 比尔定律在此波长处测定样品吸光度值。由于茶叶中儿茶素、没食子酸等多酚类物质在同一波长范围内也有很强的吸收，测定吸光度值前需要先除去茶汤中的多酚等干扰物质。

2. 仪器与试剂

（1）主要仪器　分析天平、紫外分光光度计、恒温水浴锅、抽滤装置、常规玻璃器皿等。

（2）主要试剂及其配制

①所用试剂均为分析纯，水为蒸馏水。

②碱式乙酸铅溶液：称取 50g 碱式乙酸铅，加 100mL 蒸馏水溶解，静置过夜，倾出上清液，过滤备用。

③4. 5mol/L 硫酸溶液：取 245mL 浓硫酸，用水稀释至 1L，摇匀。

④0. 01mol/L 盐酸溶液：取 0. 9mL 浓盐酸，以水稀释至 1L，摇匀。

⑤1. 0mg/mL 咖啡因标准储备溶液：准确称取咖啡因（纯度不低于 99%）100mg，用水溶解后，定容至 100mL。

⑥50μg/mL 咖啡因标准工作溶液：准确吸取 5mL 咖啡因标准储备溶液，加水稀释、定容至 100mL。

3. 实验步骤

（1）咖啡因标准曲线的制作　分别吸取 0. 0mL、1. 0mL、2. 0mL、3. 0mL、4. 0mL、5. 0mL、6. 0mL 咖啡因标准溶液于一组 25mL 容量瓶中，各加入 1. 0mL 0. 01mol/L 盐酸

溶液，再以水定容，混匀。用 10mm 石英比色皿，以第一瓶为参比溶液，在 274nm 波长处测定溶液吸光度值。以咖啡因标准溶液的浓度为横坐标，对应的吸光值为纵坐标绘制标准曲线。

（2）供试液制备　准确称取磨碎茶样 3.000g 于 500mL 锥形瓶中，加沸蒸馏水 450mL，于沸水浴中浸提 45min，每隔 10min 摇动一次。浸提完毕后立即趁热减压过滤，残渣用少量热蒸馏水洗涤 2～3 次，抽滤；将滤液转入 500mL 容量瓶中，冷却，用蒸馏水定容，摇匀。

（3）测定　准确吸取 10mL 供试液至 100mL 容量瓶中，加入 4mL 0.0lmol/L 盐酸和 1mL 碱式乙酸铅溶液，加水定容，混匀，静置澄清。准确吸取上清液 25mL 于 50mL 容量瓶中，加入 0.1mL 4.5mol/L 硫酸溶液，以水定容，混匀，静置澄清，取上清液，用 10mm 石英比色杯，以试剂空白为参比溶液，在 274nm 波长处测定上清液的吸光度值。

4. 结果计算

茶叶中咖啡因含量以干态质量分数（%）表示，按式（2－11）进行计算：

$$\text{咖啡因含量} = \frac{C \times 10^{-6} \times V \times \frac{100}{10} \times \frac{50}{25}}{m \times \omega} \times 100\% \qquad (2-11)$$

式中　C——根据吸光度值由标准曲线求得测定液中咖啡因的浓度，μg/mL

V——供试液总量，mL

ω——样品干物质含量，%

m——样品质量，g

5. 注意事项

（1）在重复条件下同一样品获得的两次独立测定结果的绝对差值不得超过算术平均值的 10%。如果符合该重复性要求，则结果以重复性条件下获得的三次独立测定结果的算术平均值表示，结果保留小数点后 2 位。

（2）茶叶中的儿茶素、没食子酸等多酚类物质会干扰咖啡因含量的测定，测定吸光度值前需要先除去。在盐酸溶液中，所有的酚类化合物可与碱式醋酸铅反应形成沉淀而被除去，再用硫酸除去多余的铅离子，即可测定。

（3）咖啡因从茶叶中提取出来后，用碱式醋酸铅等除去茶汤中茶多酚等干扰物质时，要充分静置使溶液澄清，也可采用离心取上清液，最好不要过滤，以免使溶液浓度发生变化。

（4）本法具有准确、简便、快速的特点，适用于茶叶、速溶茶等产品中咖啡因含量测定。

（二）方法二：高效液相色谱法

1. 实验原理

茶叶中咖啡因易溶于水。将咖啡因经沸水和氧化镁混合提取后，经高效液相色谱仪将茶汤中的咖啡因与儿茶素等分类，采用光谱法在 274nm 波长处测定其峰面积，根据咖啡因的标准曲线求得茶汤中咖啡因浓度，以此计算茶叶咖啡因的含量。

2. 仪器与试剂

（1）主要仪器　分析天平、恒温水浴锅、离心机或 0.45μm 水系滤膜、高效液相色谱仪、紫外检测器及数据处理系统、微量进样器、常规玻璃器皿等。

（2）主要试剂及其配制

①甲醇为色谱纯，水为超纯水，其他所用试剂均为分析纯。

②流动相：取600mL甲醇倒入1400mL蒸馏水，混匀，过0.45μm膜。

③1.0mg/mL咖啡因标准储备溶液：准确称取100mg咖啡因（纯度不低于99%），用水溶解，定容至100mL，摇匀。

④系列咖啡因标准工作溶液：准确吸取1.0mL、2.0mL、4.0mL、8.0mL、16.0mL上述标准储备溶液，分别用水稀释定容至100mL，每1mL该系列标准工作液中分别相当于含10μg、20μg、40μg、80μg、160μg咖啡因。

3. 实验步骤

（1）供试液制备　准确称取1.000g磨碎茶样，置于500mL烧瓶中，加4.5g氧化镁及300mL沸水，于沸水浴中加热浸提20min，每隔5min摇动一次，浸提完毕后立即趁热减压过滤，滤液移入500mL容量瓶中，冷却，以水定容，混匀。取部分试液，经0.45μm滤膜过滤，待测。

（2）测定

①色谱条件：

检测波长：紫外检测器，波长280nm；

流动相流速：0.5~1.5mL/min；

柱温：40℃；

进样量：10~20μL。

②测定：准确吸取10~20μL系列咖啡因标准溶液或供试液，注入高效液相色谱仪进行色谱测定，并用咖啡因标准溶液的浓度和对应的峰面积制作标准曲线，求出回归方程。用所测供试液中咖啡因的峰面积代入回归方程计算出供试液中咖啡因含量。

4. 结果计算

茶叶中咖啡因含量以干态质量分数（%）表示，按式（2-12）进行计算：

$$\text{咖啡因含量} = \frac{C \times V}{m \times 10^6 \times \omega} \times 100\% \qquad (2-12)$$

式中　C——根据标准曲线计算得出的供试液中咖啡因浓度，μg/mL

V——样品供试液体积，mL

ω——样品干物质含量，%

m——样品质量，g

5. 注意事项

在重复条件下同一样品获得的两次独立测定结果的绝对差值不得超过算术平均值的10%。如果符合该重复性要求，则结果以重复性条件下获得的三次独立测定结果的算术平均值表示，结果保留小数点后2位。

实验八　茶叶中可溶性糖总量的测定

鲜叶中的可溶性糖类是茶树光合作用的产物，茶树品种、不同生育阶段、不同栽培条件及生态环境等均会影响鲜叶中可溶性糖的含量。茶叶中的可溶性糖不仅直接影响茶汤滋味的甜醇，而且在加工过程中通过美拉德反应以及焦糖化反应可产生一些香气物质和有色物质，从而影响茶叶的品质。因此，测定茶鲜叶以及在制品和成品茶中可溶性糖含量对于评价茶叶的适制性、控制茶叶的加工条件以及提高成品茶品质非常重要。

本实验采用蒽酮比色法测定茶叶中可溶性糖的总量。

（一）实验原理

可溶性糖类在硫酸作用下脱水生成糠醛或羟基甲糠醛，然后糠醛或羟基甲糠醛与蒽酮经脱水、缩合，产生蓝绿色的糠醛衍生物，该物质在620nm波长处有最大吸收，在一定浓度范围内其颜色深浅与茶汤中糖的浓度成正比，可比色定量。

（二）仪器与试剂

1. 主要仪器

分析天平、紫外分光光度计、恒温水浴锅、抽滤装置、常规玻璃器皿等。

2. 主要试剂及其配制

（1）所用试剂均为分析纯。

（2）0.2%蒽酮试剂（现用现配） 准确称取0.2g蒽酮于烧杯中，向烧杯中缓缓加入100mL现配的80%硫酸溶液（取18.4mL水于250mL烧杯中，沿玻棒缓缓加入81.6mL 98%浓硫酸，并不断搅拌，趁热加入蒽酮溶液中），搅拌至溶液呈透明的黄色。

（3）葡萄糖标准溶液 准确称取1.000g干燥葡萄糖，用蒸馏水溶解后定容至1L。

（4）葡萄糖标准工作溶液 分别吸取1.0mL、2.0mL、3.0mL、4.0mL、5.0mL葡萄糖标准溶液至50mL容量瓶中，加水稀释、定容，溶液浓度分别为20μg/mL、40μg/mL、60μg/mL、80μg/mL、100μg/mL葡萄糖标准工作溶液。

（三）实验步骤

1. 葡萄糖标准曲线的制作

分别吸取1.0mL水和不同浓度的葡萄糖标准工作溶液于25mL具塞试管中，在冰浴条件下沿管壁徐徐加入5mL蒽酮试剂，边滴边摇匀，置沸水浴中准确加热7min，立即取出，迅速冷却至室温，在暗处静置10min。用10mm石英比色杯，以加水的试管内溶液为参比溶液，在620nm波长处测定溶液吸光度值。以葡萄糖标准溶液的浓度为横坐标，对应的吸光度值为纵坐标绘制标准曲线，并求得回归方程。

2. 供试液制备

准确称取磨碎茶样1.00g于250mL锥形瓶中，加沸蒸馏水80mL，于沸水浴中浸提30min，每隔10min摇动一次。浸提完毕后立即趁热减压过滤，残渣用热蒸馏水洗涤2~3次，抽滤；将滤液转入250mL容量瓶中，冷却，定容，摇匀。

3. 测定

吸取1.0mL供试液，按照标准曲线操作步骤，分别加入蒽酮试剂、沸水浴7min、冷却、静置后测定溶液吸光度值。

（四）结果计算

茶叶中可溶性糖的总量以葡萄糖含量计，用干态质量分数（%）表示，按式（2-13）

进行计算：

$$总糖含量 = \frac{\frac{c}{1000000} \times V}{m \times \omega} \times 100\% \qquad (2-13)$$

式中　c——根据吸光度值由回归方程求得测定液中的葡萄糖浓度，μg/mL

V——供试液总体积，mL

ω——样品干物质含量，%

m——样品质量，g

（五）注意事项

（1）在重复条件下同一样品获得的两次独立测定结果的绝对差值不得超过算术平均值的10%。如果符合该重复性要求，则结果以重复性条件下获得的三次独立测定结果的算术平均值表示，结果保留小数点后2位。

（2）蒽酮比色法是微量法，具有灵敏度高、试剂用量少等优点，其线性范围为20～200μg/mL。

（3）蒽酮试剂不稳定，易被氧化变为褐色，一般应当天配制。添加稳定剂硫脲后（一般100mL蒽酮试剂加1.0g硫脲），在冷暗处可保存48h。

实验九　茶叶中可溶性果胶含量的测定

茶鲜叶中的果胶物质多以原果胶形式存在，与纤维素、半纤维素一起成为茶叶细胞壁的构成物质，不溶于水，是衡量茶叶老嫩度的指标之一。水溶性果胶主要存在于细胞液中，其含量的高低因茶树品种、鲜叶老嫩、栽培条件及加工工艺的不同而不同。一般嫩叶中水溶性果胶含量高；在茶叶加工过程中，原果胶可在原果胶酶的作用下水解形成水溶性果胶。水溶性果胶可增加茶汤的甜味、香味和厚度；且水溶性果胶有黏稠性，能帮助揉捻卷曲成条，使茶叶外观油润。因此，测定水溶性果胶含量有利于评价鲜叶的适制性，改善茶叶加工工艺，提高成品茶品质。

本实验采用咔唑比色法测定茶叶中可溶性果胶的含量。

（一）实验原理

果胶物质水解生成半乳糖醛酸，在强酸中半乳糖醛酸与咔唑试剂发生缩合反应，生成紫红色物质，该红色深浅与半乳糖醛酸含量成正比，由此可进行比色法测定果胶物质含量。

（二）仪器与试剂

1. 主要仪器

分析天平、紫外分光光度计、恒温水浴锅、回流提取装置、抽滤装置、移液器、常规玻璃器皿等。

2. 主要试剂及其配制

（1）浓硫酸与无水乙醇或95%乙醇为优级纯，其他试剂均为分析纯。

（2）0.15%咔唑乙醇溶液　准确称取咔唑0.150g，用无水乙醇或95%乙醇溶解，定容至100mL。

（3）1.0g/L 半乳糖醛酸标准溶液　准确称取 1.000g 干燥半乳糖醛酸，用蒸馏水溶解后定容至 1000mL。

（4）半乳糖醛酸标准工作溶液　分别吸取 1.0mL、2.0mL、4.0mL、6.0mL、8.0mL 半乳糖醛酸标准溶液至 100mL 容量瓶中，加水稀释、定容，溶液浓度分别为 10μg/mL、20μg/mL、40μg/mL、60μg/mL、80μg/mL 半乳糖醛酸标准工作溶液。

（三）实验步骤

1. 半乳糖醛酸标准曲线的制作

分别吸取 1.0mL 水和不同浓度的半乳糖醛酸标准工作溶液于 25mL 具塞试管中，在冰浴条件下沿管壁徐徐加入 6.0mL 预冷的浓硫酸（置冰浴中），摇匀，置冰浴中冷却；将所有试管同时置沸水浴中准确加热 10min，立即取出，迅速冷却至室温，各试管再分别加入 0.5mL 0.15% 咔唑乙醇溶液，摇匀，室温下静置 30min。用 10mm 石英比色杯，以加水的试管内溶液为参比，在 530nm 波长处测定溶液吸光度值。以半乳糖醛酸标准溶液的浓度为横坐标，对应的吸光度值为纵坐标绘制标准曲线，并求得回归方程。

2. 供试液制备

准确称取磨碎茶样 5.00g 于 250mL 球形烧瓶中，加入 95% 乙醇回流提取 30min，弃去提取液；重复一次。将残渣用沸蒸馏水 75mL，于沸水浴中回流提取或浸提 30min，浸提完毕后立即趁热减压过滤，残渣用热蒸馏水洗涤 2～3 次，抽滤；将滤液转入 100mL 容量瓶中，冷却，定容，摇匀。

3. 测定

吸取 1.0mL 供试液，按照标准曲线操步骤作，分别加入浓硫酸、咔唑乙醇溶液，静置显色后测溶液的吸光度值。

（四）结果计算

茶叶中可溶性果胶含量以半乳糖醛酸含量计，用干态质量分数（%）表示，按式（2－14）进行计算：

$$\text{可溶性果胶含量} = \frac{\frac{c}{1000000} \times V}{m \times \omega} \times 100\% \tag{2-14}$$

式中　c——根据吸光度值由回归方程求得测定液中半乳糖醛酸浓度，μg/mL

V——供试液总体积，mL

ω——样品干物质含量，%

m——样品质量，g

（五）注意事项

（1）在重复条件下同一样品获得的两次独立测定结果的绝对差值不得超过算术平均值的 10%。如果符合该重复性要求，则结果以重复性条件下获得的三次独立测定结果的算术平均值表示，结果保留小数点后 2 位。

（2）可溶性糖的存在对本法测定果胶物质含量影响较大，使结果偏高，故样品中的糖分要预先除去。

（3）硫酸的浓度对显色反应影响较大，故在测定供试液与制作标准曲线时应使用相同规格、同批号试剂，以保证其纯度一致。

（4）此法适用于茶鲜叶、干茶及茶制品中果胶物质含量的测定，且操作简便、快速，准确度高，重复性好。

（5）配制咔唑试剂所用的乙醇，如果不是优级纯，使用前最好进行精制处理。乙醇精制：取无水乙醇或95%乙醇1000mL，加入4g锌粉，4mL硫酸（1:1）在全玻璃仪器中水浴回流10h，全玻璃仪器蒸馏，每1000mL馏出液加锌粉和氢氧化钾各4g，进行重蒸馏。

实验十　茶叶中粗纤维含量的测定

粗纤维是膳食纤维的旧称，是植物细胞壁的主要组成成分，包括纤维素、半纤维素、木质素等成分。茶叶中粗纤维的含量会随着茶鲜叶成熟度的增加而增加，故粗纤维含量的高低可以作为鲜叶老嫩度的标志。鲜叶的老嫩度与成品茶品质之间存在一定的关联。一般来说茶鲜叶纤维素含量越少，鲜叶嫩度好，制茶成条、做形较容易，能制出优质名茶。所以测定茶鲜叶以及成品茶中粗纤维含量有助于正确评价茶叶品质的高低。

茶叶中粗纤维的测定方法应用最广泛的是酸碱处理法（称量法），这是测定粗纤维含量的经典方法，也是国家标准推荐的分析方法。本法测定所得的粗纤维是茶叶中那些对细酸、稀碱难溶的部分，其主要成分包括纤维素、半纤维素、木质素、果胶。

（一）实验原理

先用硫酸水解除去茶叶中的糖分、淀粉、部分果胶质和半纤维素，然后用氢氧化钠溶液水解除去蛋白质和脂肪酸等物质，再用乙醇和乙醚浸提茶叶中的多酚、树脂、色素、脂肪和蜡质等物质，最后经高温灼烧后扣除矿物质的量，剩下的就是粗纤维的量。

（二）仪器与试剂

1. 主要仪器

分析天平、马弗炉、干燥箱、高温电炉、冷凝管、布氏漏斗、古氏坩埚、干燥器等。

2. 主要试剂及其配制

（1）所用试剂均为分析纯。

（2）1. 25%硫酸溶液　吸取7mL硫酸溶液缓缓加入适量水中，不断搅拌，以水稀释定容至1000mL。

（3）1. 25%氢氧化钠溶液　称取氢氧化钠12. 5g，用蒸馏水溶解，并稀释定容至1000mL。

（三）实验步骤

1. 酸消化

称取磨碎茶样2. 500g于500mL磨口圆底烧瓶中，加入200mL煮沸的1. 25%硫酸溶液，接上冷凝管，放在铺有石棉网的电炉上准确微沸回流30min。移去热源，立即用衬有200目尼龙布的布氏漏斗抽滤，并反复用沸水洗涤茶渣，直至洗液呈中性。

2. 碱消化

用200mL煮沸的1. 25%氢氧化钠溶液将亚麻布上的残渣全部洗入原磨口圆底烧瓶

中，如上法微沸回流 30min。移去热源，立即用古氏坩埚过滤，并反复用沸水洗涤茶渣；再分别用 95% 乙醇、乙醚洗涤茶渣 2～3 次，滤干。

3. 干燥

将上述坩埚及内容物移入干燥箱中，打开坩埚盖，在 105℃烘干、称量，重复操作直至质量恒定。

4. 灰化

将已称量的坩埚放入马弗炉中，(525±25)℃灰化 2h，降温至 300℃左右，移入干燥器中冷却至室温后称量。

（四）结果计算

茶叶中粗纤维含量以干态质量分数（%）表示，按式（2－15）计算。

$$\text{粗纤维含量} = \frac{m_1 - m_2}{m_0 \times \omega} \times 100\% \qquad (2-15)$$

式中 m_0——样品质量，g

m_1——灰化前坩埚及粗纤维的质量，g

m_2——灰化后坩埚及粗纤维的质量，g

ω——样品干物质含量，%

（五）注意事项

（1）在重复条件下同一样品的两次测定值的绝对差值不能超过算术平均值的 5%。如果符合该重复性要求，则结果以重复性条件下获得的三次独立测定结果的算术平均值表示，结果保留小数点后 2 位。

（2）该法在操作过程中纤维素、半纤维素、木质素可能都发生了不同程度的降解和流失，残留物中也可能还有少量的蛋白质、戊聚糖等，因此该法测定的含量为粗纤维含量。

（3）酸、碱消化时如产生大量泡沫，可加入 2 滴硅油或辛醇消泡。

（4）酸、碱消化回流时沸腾不能过猛，样品不能脱离液体。

实验十一 茶叶中游离氨基酸总量的测定

茶叶中游离氨基酸是茶汤的主要成分，它对茶汤的鲜甜味有重要作用，与茶叶的品质成高度的正相关。此外，在茶叶加工过程中氨基酸在热等作用下通过美拉德反应、Strecker 降解等形成醛类等香气物质，从而影响茶叶品质。因此，氨基酸含量是评判茶叶品质的一个重要指标。

本实验采用茚三酮比色法测定茶叶中游离氨基酸总量。

（一）实验原理

在缓冲溶液中氨基酸与茚三酮同时加热，氨基酸被水合茚三酮氧化形成二氧化碳、氨和醛，水合茚三酮被还原成还原型茚三酮；所放出的氨与水合茚三酮、还原型茚三酮缩合，脱水，形成蓝紫色化合物。其反应机理如下：

水合茚三酮 + R—CH(NH$_2$)—COOH → 还原型水合茚三酮 + RCHO + NH$_3$ + CO$_2$

水合茚三酮 + NH$_3$ + 还原型水合茚三酮 → 蓝紫色化合物 + 3H$_2$O

所形成的蓝紫色化合物的颜色深浅与氨基酸含量成正相关，其最大吸收波长为570nm，可用分光光度法测定吸光度值来定量。

（二）仪器与试剂

1. 主要仪器

分析天平、分光光度计、恒温水浴锅、抽滤装置、移液器、常规玻璃器皿等。

2. 主要试剂及其配制

（1）pH 8.04 磷酸盐缓冲液　先配制以下两种溶液。

①1/15mol/L 磷酸氢二钠溶液：称取 9.470g 无水磷酸氢二钠（Na_2HPO_4）或者 11.876g 二水磷酸氢二钠（$Na_2HPO_4 \cdot 2H_2O$）或者 23.872g 十二水磷酸氢二钠（$Na_2HPO_4 \cdot 12H_2O$），加水溶解后，定容至 1000mL。

②1/15mol/L 磷酸二氢钾溶液：称取经 110℃ 烘干 2h 的磷酸二氢钾（KH_2PO_4）9.078g，加水溶解后，定容至 1000mL。

取 1/15mol/L 磷酸氢二钠溶液 950mL 和 1/15mol/L 磷酸二氢钾溶液 50mL 混合均匀，即为 pH 8.04 的磷酸盐缓冲液。

（2）2% 茚三酮溶液　准确称取 2.00g 茚三酮（纯度不低于 99%），加 50mL 水和 80mg 二水氯化亚锡（$SnCl_2 \cdot 2H_2O$），搅拌溶解后摇匀过滤，滤液置暗处一夜，定容至 100mL，置暗处可用数日。

（3）茶氨酸或谷氨酸系列标准工作液

①1.0mg/mL 氨基酸标准储备溶液：准确称取 100mg 茶氨酸或谷氨酸（纯度不低于 99%），用适量水溶解后，全部转移至 100mL 容量瓶，用水定容，摇匀。

②氨基酸标准工作液：准确移取 1.0mL、2.0mL、4.0mL、6.0mL、8.0mL 标准储备液于 25mL 容量瓶，分别加水定容，摇匀。该系列标准工作液浓度分别为 40μg/mL、80μg/mL、160μg/mL、240μg/mL、320μg/mL。

（三）实验步骤

1. 标准曲线的制作

分别移取 1.0mL 系列标准工作液于 25mL 容量瓶中，每个容量瓶内分别加入 0.5mL pH 8.04 磷酸盐缓冲液和 0.5mL 2% 茚三酮溶液，混匀后在沸水浴中加热 15min，取出容量瓶，冷却后加水定容；溶液放置 5～10min，用 10mm 比色皿，以试剂空白为参比溶液，在 570nm 波长处测定溶液吸光度值。以氨基酸标准工作液的浓度为横坐标，溶液的吸光度值为纵坐标绘制标准曲线。

2. 供试液制备

准确称取3.000g磨碎茶样，于500mL锥形瓶中，加沸蒸馏水450mL，立即于沸水浴中浸提45min，每隔10min摇瓶一次；浸提完毕后趁热过滤，残渣用少量热蒸馏水洗涤2~3次。将滤液全部转入500mL容量瓶中，冷却后以水定容，摇匀。

3. 测定

准确吸取供试液1mL，注入25mL容量瓶中，按标准曲线绘制操作方法分别加入0.5mL缓冲液和0.5mL茚三酮显色液，沸水浴加热显色，冷却后加水定容。溶液放置5~10min后，测定吸光度值。

（四）结果计算

茶叶中游离氨基酸含量以茶氨酸或谷氨酸含量计，用干态质量分数（%）表示，按式（2-16）进行计算：

$$\text{游离氨基酸总量(mg/g)} = \frac{\frac{N}{1000} \times \frac{V_1}{V_2}}{m \times \omega} \tag{2-16}$$

式中　N——根据吸光度值由标准曲线求得供试液中氨基酸的量，μg

V_1——供试液体积，mL

V_2——测试液体积，mL

ω——样品干物质含量，%

m——样品质量，g

（五）注意事项

（1）在重复条件下同一样品获得的两次独立测定结果的绝对差值不得超过算术平均值的10%。如果符合该重复性要求，则结果以重复性条件下获得的三次独立测定结果的算术平均值表示，结果保留小数点后2位。

（2）用茚三酮显色法测定茶叶游离氨基酸总量重复性好，灵敏度高，操作简便，快速。影响呈色反应和重复性的主要因素是加热时间与温度，在水浴加热时，必须将容器绝大部分浸在水浴中，水浴保持沸腾状态。

（3）要严格注意缓冲溶液pH。

（4）茶氨酸是茶叶中的主要游离氨基酸，故测定茶叶中游离氨基酸总量时常用茶氨酸做基准物质来绘制标准曲线；无茶氨酸时，也可用谷氨酸代替。

实验十二　茶叶中茶氨酸含量的测定

茶氨酸是茶树体内特有的氨基酸，也是茶叶中最主要的游离氨基酸，占茶叶干物质重的1%~2%，某些茶中可超过2%，目前仅在蕈和个别山茶属植物中有见报道，因此可作为鉴别真假茶的重要依据。

茶氨酸主要分布于芽叶、嫩茎及幼根中，茶树新梢部位约70%的氨基酸为茶氨酸。茶氨酸极易溶于水，水溶液呈微酸性，具有焦糖香和类似味精的鲜爽味，能缓解茶汤的苦涩味，增强甜味，对茶汤的滋味有很重要的影响，与茶叶品质密切相关。此外，茶氨酸可引起脑内神经传达物质的改变，具有镇静、安神、提高注意力、降低血压、改善睡眠等功效。由此可见，测定茶叶中茶氨酸的含量对于正确评价茶叶的品质及其营养保健功能是很有必要的。

（一）实验原理

茶氨酸易溶于水。茶氨酸经沸水加热提取、净化处理后，采用 RP－18 液相色谱柱，经梯度洗脱将茶氨酸与茶汤中其他物质分离，在 210nm 波长处测定溶液吸光度值，与标准系列比较定性定量。

（二）仪器与试剂

1. 主要仪器

分析天平、恒温水浴锅、离心机或 0.45μm 水系滤膜、高效液相色谱仪、紫外检测器及数据处理系统、微量进样器、常规玻璃器皿等。

2. 主要试剂及其配制

（1）乙腈为色谱级，水为超纯水；除特别说明外，其他所有试剂均为分析纯。

（2）液相色谱流动相

①流动相 A：100% 纯水；

②流动相 B：100% 乙腈。

（3）1.0mg/mL 茶氨酸标准储备溶液　准确称取 0.050g 茶氨酸，用适量水溶解后全部移入 50mL 容量瓶中，以水定容，混匀。该标准储备溶液有效期 1 年。

（4）茶氨酸标准工作溶液　分别准确吸取茶氨酸标准储备溶液 0mL、0.1mL、0.2mL、0.5mL、1.0mL、1.5mL、2.0mL，用水定容至 10mL，得到浓度分别为 0.0mg/mL、0.01mg/mL、0.02mg/mL、0.05mg/mL、0.10mg/mL、0.15mg/mL、0.20mg/mL 茶氨酸标准工作溶液。有效期为一年。

（三）实验步骤

1. 供试液制备

准确称取 1.00g 经磨碎混匀后的茶叶样品，加沸蒸馏水 80mL，于 100℃ 恒温水浴锅中浸提 30min，过滤，滤液转移到 100mL 容量瓶中，冷却后，用水定容，混匀。供试液用 0.45μm 水系滤膜过滤，或者取 1mL 供试液，在 13000r/min 条件下高速离心 10min，然后进液相色谱分析。

2. 测定

（1）色谱条件

①色谱柱：RP－18 液相色谱柱（粒径 5μm，250mm × 4.6mm）；

②流速：0.5 ~ 1.0mL/min；

③柱温：(35 ± 0.5)℃；

④进样量：10 ~ 20μL；

⑤检测波长：210nm；

⑥梯度洗脱条件：如表 2－2 所示。

表2-2　梯度洗脱条件

时间/min	流动相A/%	流动相B/%	备注
0	100	0	分析
10	100	0	分析
12	20	80	洗柱
20	20	80	洗柱
22	100	0	平衡
40	100	0	平衡

注：流动相A为100%纯化水；流动相B为100%乙腈。

（2）测定　待流速和柱温稳定后，进行空白运行。准确吸取10μL茶氨酸标准使用液注射入高效液相色谱仪。在相同的色谱条件下注射10μL测试液。测试液以峰面积定量。由色谱峰的峰面积可从标准曲线上求出相应的茶氨酸的浓度。测试液中的茶氨酸的响应值均应在仪器测定的线性范围之内。

（四）结果计算

茶叶中茶氨酸含量按式（2-17）进行计算：

$$\text{茶氨酸含量(mg/g)} = \frac{c \times V}{m \times \omega} \tag{2-17}$$

式中　c——供试液浓度，mg/mL

V——供试液体积，mL

ω——样品干物质含量，%

m——样品质量，g

（五）注意事项

在重复条件下同一样品获得的两次独立测定结果的绝对差值不得超过算术平均值的10%。如果符合该重复性要求，则结果以重复性条件下获得的三次独立测定结果的算术平均值表示，结果保留小数点后2位。

实验十三　茶叶中蛋白质含量的测定

茶叶蛋白质含量丰富，占茶叶干物质质量的20%~30%，但能溶于水的蛋白质很少，约占1%~2%。茶叶可溶性蛋白质不仅有助于茶汤清亮和茶汤胶体溶液的稳定，也可增进茶汤滋味和营养价值。在茶叶加工过程中鲜叶中的蛋白质水解生成的各种氨基酸与茶叶品质密切相关，对茶叶滋味、香气和营养价值有不同影响。随着茶树新梢的生长，鲜叶中蛋白质含量逐渐下降。因此，茶叶蛋白质含量的高低与茶叶品质密切相关。测定茶鲜叶以及成品茶中蛋白质含量有助于正确评价茶鲜叶质量与茶叶品质，了解茶叶加工过程中蛋白质的转化情况。

蛋白质含量的测定方法较多，本实验采用凯氏定氮法和考马斯亮蓝比色法测定茶叶中蛋白质含量。

（一）方法一：茶叶中粗蛋白含量的测定——凯氏定氮法

1. 实验原理

茶叶中的蛋白质与浓硫酸在催化加热条件下被分解，产生的氨与硫酸结合生成硫酸铵。在碱性条件下蒸馏使氨游离，用硼酸吸收释放的氨后，再以硫酸或盐酸标准溶液滴定，根据酸的消耗量计算氮含量，再乘以换算系数，即为蛋白质的含量。以甘氨酸为例，该过程的反应方程式如下：

消化：$NH_2CH_2COOH + 3H_2SO_4 \longrightarrow 2CO_2 + 3SO_2 + 4H_2O + NH_3\uparrow$

$2NH_3 + H_2SO_4 \longrightarrow (NH_4)_2SO_4$

蒸馏：$(NH_4)_2SO_4 + 2NaOH \longrightarrow 2NH_3\uparrow + 2H_2O + Na_2SO_4$

吸收：$NH_3 + 4H_3BO_3 \longrightarrow NH_4HB_4O_7 + 5H_2O$

滴定：$NH_4HB_4O_7 + H_2SO_4 + 5H_2O \longrightarrow (NH_4)_2SO_4 + 4H_3BO_3$

在消化过程中，为了加速蛋白质的分解，缩短消化时间，常加入硫酸钾、硫酸铜等物质。加入硫酸钾可以提高溶液的沸点而加速蛋白质的分解，但其加入量不能太大，否则消化体系温度过高，会引起已生成的铵盐发生热分解放出氨而造成损失。加入硫酸铜其催化作用，此外还可作为消化终点和下一步蒸馏时碱性反应的指示剂。

2. 仪器与试剂

（1）主要仪器　分析天平、定氮蒸馏装置、凯氏烧瓶、古氏坩埚、酸式滴定管、常规玻璃器皿等。

（2）主要试剂及其配制

①所用试剂均为分析纯。

②20g/L 硼酸溶液：称取 20g 硼酸，加水溶解，以水定容至 1000mL。

③400g/L 氢氧化钠溶液：称取 40g 氢氧化钠，加水溶解后，放冷，以水定容至 100mL。

④0.05mol/L 硫酸标准滴定溶液或盐酸标准滴定溶液。

⑤1g/L 甲基红乙醇溶液：称取 0.1g 甲基红，溶于 95% 乙醇，用 95% 乙醇稀释至 100mL。

⑥1g/L 亚甲基蓝乙醇溶液：称取 0.1g 亚甲基蓝，溶于 95% 乙醇，用 95% 乙醇稀释至 100mL。

⑦1g/L 溴甲酚绿乙醇溶液：称取 0.1g 溴甲酚绿，溶于 95% 乙醇，用 95% 乙醇稀释至 100mL。

⑧混合指示液 A：2 份甲基红乙醇溶液与 1 份亚甲基蓝乙醇溶液临用时混合。

⑨混合指示液 B：1 份甲基红乙醇溶液与 5 份溴甲酚绿乙醇溶液临用时混合。

3. 实验步骤

（1）试样处理

①称取磨碎茶样 2.000g 于 250mL 磨口圆底烧瓶中，加 100mL 80% 乙醇溶液回流提取 30min，浸提完毕后立即趁热用古氏坩埚抽滤，滤渣用热的 80% 乙醇溶液洗涤 2~3 次，抽滤，收集残渣烘干后备用。

②将上述残渣全部移入干燥的 100mL 定氮瓶中，加入 0.2g 硫酸铜、6g 硫酸钾及

20mL 浓硫酸，轻摇后于瓶口放一小漏斗，将瓶以45°角斜支于有小孔的石棉网上。小心加热，待内容物全部碳化，泡沫完全停止后，加强火力，并保持瓶内液体微沸，至液体呈蓝绿色并澄清透明后，再继续加热0.5～1h。取下放冷，小心加入20mL水，放冷后，移入100mL容量瓶中，并用少量水洗定氮瓶，洗液并入容量瓶中，再加水至刻度，混匀备用。同时做试剂空白试验。

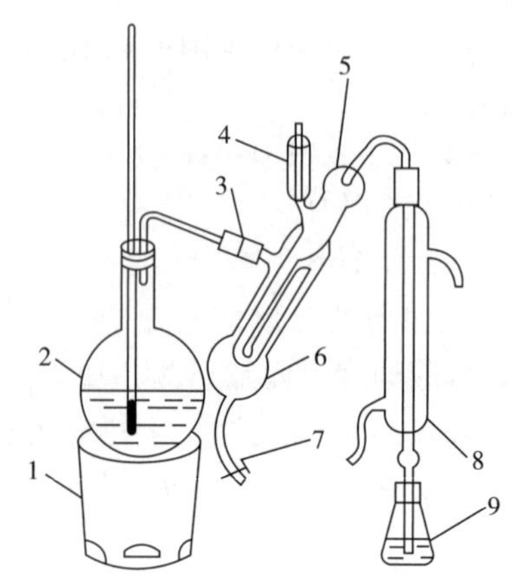

图2－4　定氮蒸馏装置图

1—电炉　2—水蒸气发生器（2L烧瓶）　3—螺旋夹　4—小玻杯及棒状玻塞
5—反应室　6—反应室外层　7—橡皮管及螺旋夹　8—冷凝管　9—蒸馏液接收瓶

（2）测定　按图2－4装好定氮蒸馏装置，向水蒸气发生器内装水至2/3处，加入数粒玻璃珠，加甲基红乙醇溶液数滴及数毫升硫酸，以保持水呈酸性，加热煮沸水蒸气发生器内的水并保持沸腾。

向接受瓶内加入10.0mL硼酸溶液及1～2滴混合指示剂，并使冷凝管的下端插入液面下，根据试样中氮含量，准确吸取2.0～10.0mL试样处理液由小玻杯注入反应室，以10mL水洗涤小玻杯并使之流入反应室内，随后塞紧棒状玻塞。将10.0mL氢氧化钠溶液倒入小玻杯，提起玻塞使其缓缓流入反应室，立即将玻塞盖紧，并水封。夹紧螺旋夹，开始蒸馏。蒸馏10min后移动蒸馏液接收瓶，液面离开冷凝管下端，再蒸馏1min。然后用少量水冲洗冷凝管下端外部，取下蒸馏液接收瓶。尽快以硫酸或盐酸标准滴定溶液滴定至终点，终点颜色为灰蓝色或浅灰红色；同时做试剂空白。

4. 结果计算

茶叶中蛋白质的含量以干态质量分数（%）表示，按式（2－18）计算。

$$蛋白质含量 = \frac{c \times (V_1 - V_2) \times M_N}{m \times \omega \times 1000 \times V_3/V_4} \times F \times 100\% \qquad (2-18)$$

式中　V_1——试液消耗硫酸或盐酸标准滴定溶液的体积，mL

V_2——试剂空白消耗硫酸或盐酸标准滴定溶液的体积，mL

V_3——吸取消化液的体积，mL

V_4——试样定容体积，mL

c——硫酸或盐酸标准滴定溶液浓度，mol/L

M_N——氮的摩尔质量，14g/mol

F——氮换算为蛋白质的系数，6.25

m——样品质量，g

ω——样品干物质含量，%

5. 注意事项

（1）在重复条件下同一样品的两次测定值的绝对差值不能超过算术平均值的10%。如果符合该重复性要求，则结果以重复性条件下获得的三次独立测定结果的算术平均值表示，结果保留小数点后2位。

（2）由于样品中常含有核酸、生物碱、含氮类脂、卟啉等非蛋白质的含氮物质，故本法测定的结果为粗蛋白质含量。

（3）样品消化时由于会放出二氧化硫，因此要在通风橱内进行消化。

（4）样品消化时，需加入少量辛醇并注意控制热源强度，以消泡。

（二）方法二：茶叶中水溶性蛋白含量的测定——考马斯亮蓝比色法

1. 实验原理

考马斯亮蓝比色法测定蛋白质浓度是利用蛋白质－染料结合的原理，定量测定微量蛋白浓度的快速、灵敏的方法，是目前灵敏度最高的蛋白质测定法之一。

考马斯亮蓝G－250是一种染料，具有红色和蓝色两种色调。在酸性溶液中，考马斯亮蓝以游离态存在时呈棕红色，其最大吸收峰在465nm；当它与蛋白质通过疏水作用结合后变为蓝色，最大吸收峰变为595nm。蛋白质含量在1～100mg范围内，蛋白质－染料复合物在595nm波长处的吸光度值与蛋白质含量成正比，故可用该比色法测定蛋白质含量。

2. 仪器与试剂

（1）主要仪器　分析天平、分光光度计、恒温水浴锅、低速离心机、常规玻璃器皿等。

（2）主要试剂及其配制

①所用试剂均为分析纯。

②0.1mg/mL标准蛋白质溶液：准确称取10mg牛血清蛋白或10mg G－球蛋白，溶于蒸馏水中并定容至100mL。

③考马斯亮蓝G－250溶液：准确称取100mg考马斯亮蓝G－250，溶于50mL 95%乙醇中，加入100mL 85%的磷酸，混匀后用蒸馏水定容到1000mL。此溶液可在常温下放置1个月。

3. 实验步骤

（1）标准曲线的绘制　取7支比色管，分别加入0.0mL、0.1mL、0.2mL、0.4mL、0.6mL、0.8mL、1.0mL标准蛋白质溶液，每管用去离子水补充到1.0mL，摇匀；各管中分别加入5.0mL考马斯亮蓝G250试剂，每加完1管，立即在旋涡混合器上混合均匀（不要太剧烈，以免产生大量气泡而难以消除）。用第1管为参比，在595nm波长处测定各标准蛋白溶液的吸光度值。以标准蛋白质含量为横坐标，对应溶液的吸光度值为纵坐标，绘制标准曲线，并求得回归方程。

（2）供试液制备　准确称取磨碎茶叶试样3.000g于250mL圆底烧瓶中，加入沸蒸馏水100mL，接上冷凝管在沸水浴中回流浸提30min，浸提完毕后立即趁热减压抽滤；残渣全部移入圆底烧瓶，再次用100mL沸蒸馏水回流浸提30min，抽滤；残渣用少量热蒸馏水洗涤2~3次，再次抽滤。合并滤液，滤液冷却后全部移入250mL容量瓶中，用蒸馏水定容至刻度，摇匀。

（3）样品测定　吸取一定量的样品稀释液于比色管中，按上述标准曲线绘制方法加入试剂显色，以试剂空白（第一管）为参比，测定其在595nm波长处的吸光度值，从标准曲线上查出并计算样品的蛋白质含量。

4. 结果计算

茶叶中水溶性蛋白的含量以茶叶干态质量分数（%）表示，按式（2-19）计算：

$$\text{水溶性蛋白含量} = \frac{\frac{N}{1000000} \times \frac{V_1}{V_2}}{m \times \omega} \times 100\% \tag{2-19}$$

式中　N——根据吸光度值由回归方程求得测定液中水溶性蛋白含量，μg

V_1——供试液体积，mL

V_2——测试液体积，mL

ω——样品干物质含量，%

m——样品质量，g

5. 注意事项

（1）在重复条件下同一样品获得的两次独立测定结果的绝对差值不得超过算术平均值的10%。如果符合该重复性要求，则结果以重复性条件下获得的三次独立测定结果的算术平均值表示，结果保留小数点后2位。

（2）该法的蛋白质与染料结合后产生的颜色变化很大，蛋白质-染料复合物有更高的消光系数，因而光吸收值随蛋白质浓度的变化大。其最低蛋白质检测量可达1mg，有较高的灵敏度。

（3）该法测定蛋白质含量快速、简便，颜色稳定性好，干扰物质少。染料主要是与蛋白质中的碱性氨基酸（特别是精氨酸）和芳香族氨基酸残基相结合，但由于各种蛋白质中精氨酸和芳香族氨基酸的含量不同，因此该法用于不同蛋白质测定时有较大的偏差。在制作标准曲线时最好选用G-球蛋白为标准蛋白质，以减少这方面的偏差。

（4）该反应的灵敏度高，反应速度快。蛋白质与染料结合的过程在2min左右即可完成，其颜色在室温1h内稳定，且在5~20min内，颜色的稳定性最好。

实验十四　茶叶中维生素C含量的测定

维生素C又称抗坏血酸，对光敏感，具有较强的还原性，氧化后的产物称为脱氢抗坏血酸，仍然具有生理活性。脱氢抗坏血酸进一步水解生产2,3-二酮古乐糖酸，失去生理作用。食品中一般主要以前两种形式存在，因此，食品成分表均以抗坏血酸和脱氢抗坏血酸的总量表示。

维生素C是茶鲜叶的重要组成成分之一，茶叶的营养、保健作用与维生素C含量有一定关系。维生素C在茶叶加工与储藏过程中极易氧化，测定茶叶中维生素C的含量有助于鉴别茶叶的质量。

常用的测定维生素C含量的方法主要有2,6-二氯靛酚滴定法、荧光法、高效液相色谱法等。本实验采用2,6-二氯靛酚滴定法进行测定。

（一）实验原理

染料2,6-二氯靛酚的颜色反应表现出两种特性，一是取决于其氧化还原状态，氧化态为深蓝色，还原态变为无色；二是受介质酸度的影响，在碱性溶液中呈深蓝色，在酸性介质中呈浅红色。用蓝色的碱性染料标准溶液，对含维生素C的酸性浸出液进行氧化还原滴定，染料被还原为无色，当到达滴定终点时，多余的染料在酸性介质中则表现为浅红色，由染料用量计算样品中还原型维生素C的含量。

（二）仪器与试剂

1. 主要仪器

分析天平、恒温水浴锅、冰箱、抽滤装置或离心机、滴定管、白瓷皿、棕色容量瓶、棕色试剂瓶、常规玻璃器皿等。

2. 主要试剂及其配制

（1）所用试剂均为分析纯。

（2）1%草酸溶液　称取1.40g二水合草酸（$H_2C_2O_4 \cdot 2H_2O$），加水溶解并定容至100mL。

（3）2%草酸溶液　称取2.80g二水合草酸（$H_2C_2O_4 \cdot 2H_2O$），加水溶解并定容至100mL。

（4）维生素C标准溶液　称取100.0mg维生素C，溶于1%草酸溶液中，并稀释定容至100mL棕色容量瓶中，置冰箱中保存。临用前，吸取5mL于50mL容量瓶中，以1%草酸溶液稀释、定容，配成0.02mg/mL的标准使用液。该标准使用液使用前最好经过标定。

（5）2,6-二氯靛酚溶液　称取50mg 2,6-二氯靛酚，溶解于200mL含有52mg碳酸氢钠的热水中，冷却，冰箱中过夜。次日将溶液过滤于250mL棕色容量瓶中，定容。在冰箱中保存，每周标定一次。

标定：吸取5mL已知质量浓度的维生素C标准溶液于50mL锥形瓶中，加入5mL 1%草酸溶液摇匀，用2,6-二氯靛酚溶液滴定至溶液呈粉红色，在15s内不褪色为终点。

滴定度（T）的计算：

$$T = c \times \frac{V_1}{V_2} \tag{2-20}$$

式中　T——每毫升2,6-二氯靛酚溶液相当于维生素C的质量，mg/mL

c——维生素C标准溶液的浓度，mg/mL

V_1——维生素C标准溶液的体积，mL

V_2——消耗的2,6-二氯靛酚溶液的体积，mL

(三)实验步骤

1. 供试液制备

称取磨碎茶样 1.00~4.00g(含 1~2mg 抗坏血酸)于研钵中,加入 1% 草酸溶液磨成匀浆,将匀浆全部移入 100mL 容量瓶中,用 1% 草酸溶液稀释、定容,摇匀后过滤或离心。

2. 滴定

吸取滤液 5mL 于白瓷皿中,加 2% 草酸溶液 10mL,用 2,6-二氯靛酚溶液滴定至浅红色,15s 不消失即为终点。滴定时间不超过 2min,同时做试剂空白试验。

(四)结果计算

茶叶中维生素 C 含量按式(2-21)进行计算:

$$\text{维生素 C 含量(mg/100g)} = \frac{(V_1 - V_2) \times T \times 100/5}{m \times \omega} \times 100 \qquad (2-21)$$

式中 T——每毫升 2,6-二氯靛酚溶液相当于维生素 C 的质量,mg/mL

V_1——滴定供试液时消耗 2,6-二氯靛酚溶液的体积,mL

V_2——滴定空白时消耗 2,6-二氯靛酚溶液的体积,mL

ω——样品干物质含量,%

m——样品干质量,g

(五)注意事项

(1)茶叶样品特别是红茶、黑茶等茶浸提液颜色相对较深,会影响滴定终点的观察,可加入白陶土脱色后再过滤。白陶土使用前应测定其回收率。

(2)测定茶鲜叶样品中维生素 C 含量时,样品采取后应浸泡在已知量的 2% 草酸溶液中,以防止抗坏血酸的氧化损失。测定时整个操作过程要迅速,以防止抗坏血酸的氧化。

(3)茶鲜叶样品中维生素 C 含量测定时,称取 100.00g 鲜叶,加等量的 2% 草酸溶液,用组织捣碎机打成匀浆。取 10.00~40.00g 匀浆(含 1~2mg 抗坏血酸)于 100mL 容量瓶中,用 1% 草酸溶液稀释、定容,摇匀后过滤,备用。

实验十五 茶叶中叶绿素总量及组分测定

叶绿素是吡咯类绿色色素,是茶鲜叶中含量最多的色素,主要存在于叶绿体中。茶鲜叶中叶绿素占茶叶干物质重的 0.3%~0.8%,由蓝绿色的叶绿素 a 和黄绿色的叶绿素 b 组成,且叶绿素 a 的含量为叶绿素 b 的 2~3 倍。叶绿素总量依茶树品种、季节、叶片成熟度的不同差异较大。一般叶色黄绿的大叶种含量较低,叶色深绿的小叶种含量较高。

叶绿素的组成和含量对茶叶品质有一定影响。一般而言,加工绿茶以叶绿素含量高的品种为宜,在组成上以叶绿素 b 的比例大为好,因为叶绿素是形成绿茶外观色泽和叶底颜色的主要物质;加工其他类茶叶对叶绿素的要求比绿茶低,如果含量高,反而对干茶和叶底色泽不利。

掌握茶叶叶绿素总量及组分的测定方法，可以比较不同茶类和品种之间叶绿素含量的差异，了解茶树光合作用强度，鲜叶的试制性及红、绿茶制造、贮藏过程中叶绿素转化的程度。

（一）实验原理

叶绿体色素提取液对可见光谱有吸收，利用分光光度计在某一特定波长下测定其吸光度值，根据该吸光度值与溶液颜色成正比即可求出提取液中色素的含量。

叶绿素是一种脂溶性色素，可用丙酮提取，溶于丙酮的茶多酚及其他杂质，可用乙醚进一步提取分离除去。所获得的叶绿素提取液在特定波长有特异性吸收光谱，吸光度与浓度符合朗伯－比尔定律。对照标准曲线可计算出叶绿素含量。

叶绿素由叶绿素 a 和叶绿素 b 组成，它们在 400～700nm 有各自特征吸收波长。利用等吸光点波长处可以测定其总含量，选择叶绿素 a 和叶绿素 b 的合适吸收波长，测定两波长的总吸光度，列出联立方程，求解，就可得到叶绿素 a 和叶绿素 b 的含量，预先不需叶绿素 a、叶绿素 b 两组分化学分离。

（二）仪器与试剂

1. 主要仪器

分析天平、分光光度计、研钵、抽滤装置、分液漏斗、常规玻璃器皿等。

2. 主要试剂

丙酮、乙醚、95% 乙醇、碳酸钙粉、石英砂、无水硫酸钠等。

（三）实验步骤

1. 方法一：丙酮分光光度法

（1）供试液的制备　准确称取粉碎茶干样或新鲜剪碎茶鲜叶样品 2.00g 于研钵中（茶干样预先加适量 85% 丙酮，密封后置于冰箱中浸软约 4h），加入少量丙酮和 0.1g 碳酸钙及适量石英砂，研磨成匀浆，静置 1～2min；用胶头滴管将上清液用定量滤纸过滤于棕色容量瓶中；残渣中加入适量 80% 丙酮溶液反复研磨抽提至无绿色为止；用少量 80% 丙酮溶液洗涤残渣、漏斗及研钵，合并洗涤液、滤液，用 80% 丙酮溶液定容至 100mL，备用。

（2）测定　用 10mm 比色皿，以 80% 丙酮溶液作参比，取上述供试液分别在波长 663nm、645nm 处测定溶液吸光度值。

2. 方法二：乙醚分光光度法

（1）供试液制备　准确称取粉碎茶干样或新鲜剪碎茶鲜叶样品 2.00g 于研钵中（茶干样预先加适量 80% 丙酮，密封后置于冰箱中浸软约 4h），加入 0.1g 碳酸钙粉及适量石英砂和 2～3mL 80% 丙酮研磨成细的匀浆；向匀浆中加入 80% 丙酮 10mL 反复研磨，静置 1～2min；用胶头滴管将上清液用定量滤纸过滤于棕色容量瓶中；向研钵中残渣再加入 10mL 80% 丙酮反复研磨至组织变白为止，沿着玻棒将提取液过滤于上述容量瓶中；最后用少量乙醚洗残渣、漏斗及研钵，将洗涤液、滤液合并，用乙醚定容至 100mL，备用。

（2）乙醚提纯　移取上述供试液 25mL，注入盛有 50mL 乙醚的分液漏斗中，小心沿壁加入约 100mL 水，促使叶绿素进入乙醚层，放出水层。另取一分液漏斗，内装

100mL蒸馏水，第一个分液漏斗的末端出口插在第二只分液漏斗的底部，让上面漏斗中的乙醚层一小滴一小滴地通过水层滴入下面的分液漏斗（从水中成小滴升至水面）；当上面分液漏斗中的乙醚放完，用少量乙醚洗涤上面漏斗并移开。将下面盛有乙醚层的分液漏斗先弃去水层并移至上面，再在下面的分液漏斗中放入100mL水，如此重复洗涤3~4次，直到乙醚中的丙酮被全部除去。将乙醚层经无水硫酸钠滤入50mL干燥的容量瓶中，以无水乙醚定容，供测定用。

（3）测定　用10mm比色皿，以乙醚为参比，分别在660nm、642.5nm波长处测定上述供测液的吸光度值。

（四）结果计算

试样中叶绿素a、叶绿素b和叶绿素总量均以干态质量分数（mg/g）表示，分别按式（2-22）和式（2-23）计算：

1. 方法一：丙酮分光光度法

$$C_a = \frac{(12.72 \times A_{663} - 2.59 \times A_{645}) \times V \times d}{m \times \omega \times 1000} \times 100\%$$

$$C_b = \frac{(22.88 \times A_{645} - 4.67 \times A_{663}) \times V \times d}{m \times \omega \times 1000} \times 100\%$$

$$C_{a+b} = \frac{(8.05 \times A_{663} + 20.29 \times A_{645}) \times V \times d}{m \times \omega \times 1000} \times 100\% \quad (2-22)$$

式中　C_a——叶绿素a含量，mg/g

C_b——叶绿素b含量，mg/g

C_{a+b}——叶绿素总量，mg/g

A_{663}——供试液在波长663nm处的吸光度值

A_{645}——供试液在波长645nm处的吸光度值

V——供试液体积，mL

d——样品供试液稀释倍数

ω——样品干物质含量，%

m——样品干质量，g

2. 方法二：乙醚分光光度法

$$C_a = \frac{(9.93 \times A_{660} - 0.78 \times A_{642.5}) \times \frac{100}{25} \times 50}{m \times \omega \times 1000} \times 100\%$$

$$C_b = \frac{(17.6 \times A_{642.5} - 2.81 \times A_{660}) \times \frac{100}{25} \times 50}{m \times \omega \times 1000} \times 100\%$$

$$C_{a+b} = \frac{(7.12 \times A_{660} + 16.80 \times A_{642.5}) \times \frac{100}{25} \times 50}{m \times \omega \times 1000} \times 100\% \quad (2-23)$$

式中　C_a——叶绿素a含量，mg/g

C_b——叶绿素b含量，mg/g

C_{a+b}——叶绿素总量，mg/g

A_{660}——供试液在波长660nm处的吸光度值

$A_{642.5}$——供试液在波长642.5nm处的吸光度值

ω——样品干物质含量，%

m——样品干质量，g

（五）注意事项

（1）在重复条件下同一样品的两次测定值的绝对差值不能超过算术平均值的10%。如果符合该重复性要求，则结果以重复性条件下获得的三次独立测定结果的算术平均值表示，结果保留小数点后2位。

（2）光照和高温会使叶绿素发生氧化和分解，供试液制备时应避免高温和光照；操作时应在弱光下进行，研磨时间尽量短些。

（3）茶样为鲜叶时，先将鲜叶在蒸汽中蒸青15~25s固定，或将鲜叶浸泡在丙酮中剪碎后再进行研磨；茶样为成茶时，将茶样加80%丙酮20mL，密封后置冰箱中浸软约4h。

（4）叶绿素在不同溶剂中的吸收光谱有差异，因此，在用不同溶剂提取色素时，计算公式有所不同。

（5）叶绿素是脂溶性色素，要用有机溶剂提取。根据叶绿素的极性，最好的提取溶剂是丙酮，其次是氯仿、乙醇等。常用80%丙酮或95%乙醇为提取溶剂。

（6）采用上述研磨方法提取叶绿素，既费时，又易出现误差，可采用乙醇-丙酮混合液浸泡法。其方法是将待测液剪碎，装入具塞刻度试管中，加入乙醇-丙酮（1:1，体积比）混合液10mL或20mL，使样品完全浸入液体中，加盖；放入暗处（最好置于30~40℃温箱中），当叶片完全变白后即可比色。在浸泡过程中最好轻轻摇动几次。

实验十六　红茶中茶黄素、茶红素、茶褐素含量的测定——系统分析法

茶黄素、茶红素和茶褐素是多酚类物质的水溶性氧化产物，是红茶加工过程中形成的主要色素，它们三者的含量和比例与红茶的品质密切相关。通过测定茶黄素、茶红素和茶褐素的含量及比例，有助于进一步提高茶叶品质，并掌握品质变化规律。

（一）实验原理

利用茶黄素（theaflavins，TFs）、茶红素（thearubigins，TRs）和茶褐素（the-abrownins，TBs）在两种互不相溶（或微溶）的溶剂中溶解度或分配系数的不同而分离，该三类物质在波长380nm处均有吸收。

茶黄素、茶红素和茶褐素均溶于热水，存在于茶汤中。先用乙酸乙酯将茶黄素从红茶茶汤中萃取出来，同时有部分茶红素（SⅠ型茶红素）也随之被提出，这部分茶红素利用其溶于碳酸氢钠溶液进一步从乙酸乙酯层中分离除去，乙酸乙酯萃取后的水层中残留有部分茶红素（SⅡ型茶红素）。茶褐素不溶于正丁醇，茶汤用正丁醇萃取后，茶黄素和茶红素都转溶到正丁醇当中，茶褐素留在水层。这样各种成分分离后，可用分光光度计进行比色测定。

（二）仪器与试剂

1. 主要仪器

分析天平、分光光度计、恒温水浴锅、抽滤装置、分液漏斗、移液器、常规玻璃器皿等。

2. 主要试剂及其配制

（1）乙酸乙酯、正丁醇、95%乙醇均为分析纯，水为蒸馏水。

（2）2.5%碳酸氢钠溶液　2.5g碳酸氢钠加水溶解后，定容至100mL。

（3）饱和草酸溶液　20℃时，100mL水中可溶解10.2g草酸，可根据温度不同配制饱和溶液。

（三）实验步骤

1. 供试液制备

准确称取9.00g磨碎红茶样，加入沸水375mL，摇匀后在沸水浴中浸提10min，浸提中摇瓶1~2次，浸提完毕，取出摇匀，趁热抽滤于干燥的三角瓶中，残渣不需用水冲洗，滤液迅速冷却至室温，备用。

2. 萃取

（1）移取50mL供试液至250mL的分液漏斗中，加入50mL经水预饱和的乙酸乙酯，振荡萃取5min，静置分层后，将乙酸乙酯层（上层）和水层（下层）分别置于100mL具塞三角瓶中，将瓶塞塞好备用。

（2）吸取乙酸乙酯萃取液2mL，放在25mL的容量瓶中，加入95%乙醇稀释到刻度，得a溶液（$TF_S + TR_{SI}$）。

（3）吸取乙酸乙酯萃取液25mL，加入2.5% $NaHCO_3$溶液25mL，在100mL分液漏斗中迅速强烈振荡30s，静置分层后，弃去$NaHCO_3$水层。吸取乙酸乙酯上层液4mL，放入25mL容量瓶中，用95%乙醇定容，得c溶液（TFs）。

（4）吸取第一次水层待用液2mL，放入25mL容量瓶中，加入2mL饱和草酸溶液和6mL水，用95%乙醇定容，得d溶液（$TR_{SII} + TBs$）。

（5）分别吸取25mL供试液和25mL正丁醇至100mL分液漏斗中，摇振3min，静置分层后，将水层（下层）放于50mL三角瓶中，取水层溶液2mL于25mL容量瓶中，分别加2mL饱和草酸溶液和6mL蒸馏水，再用95%乙醇定容，得b溶液（TBs）。

3. 测定

用10mm比色皿，以95%乙醇作参比，在波长380nm处分别测定溶液a、b、c、d的吸光度值（A）。

（四）结果计算

红茶中茶黄素、茶红素和茶褐素的含量以干态质量分数（%）表示，分别按式（2-24）计算：

$$\text{茶黄素含量} = \frac{A_c \times 2.25}{m \times \omega} \times 100\%$$

$$\text{茶红素含量} = \frac{7.06 \times (2A_a + 2A_d - 2A_b - A_c)}{m \times \omega} \times 100\%$$

$$茶褐素含量 = \frac{7.06 \times 2A_b}{m \times \omega} \times 100\% \quad (2-24)$$

式中　m——样品质量，g

ω——试样干物质含量，%

A_a——溶液 a 的吸光度值

A_b——溶液 b 的吸光度值

A_c——溶液 c 的吸光度值

A_d——溶液 d 的吸光度值

2.25 和 7.06——均为在同等操作条件下的换算系数

（五）注意事项

（1）实验中碳酸氢钠必须纯净，不能含有碳酸钠，并且碳酸氢钠溶液应现配现用。为了减少测定过程中因碱性引起的茶黄素自动氧化，振荡时间以 30s 为宜。振荡时间过短，TRs 去除不完全，茶黄素测定结果偏高；但是，振荡时间过久，茶黄素可能因自动氧化而导致测定值偏低。在此碱洗过程中，两相分层后，水层应立即弃去。

（2）制备好的茶汤供试液必须冷却，否则影响色素成分的分配比例。当溶液 a、b、c、d 制成后，应立即比色，尤其是溶液 c，否则会影响结果。

（3）此法仅适用于红茶中茶黄素、茶红素和茶褐素的总量测定，且在实验过程中要求称样准确，严格控制加沸水量、提取时间与温度；提取后趁热过滤于干燥的三角瓶中，残渣也不需用水冲洗，以免稀释茶汤的浓度。

（4）2.25 和 7.06 为 9.00g 红碎茶茶样加入沸水 375mL、于沸水浴中浸提 10min 后所得换算系数，故在开展本实验时，称样量、加水量及提取时间要准确，且提取所得茶汤不得经任何稀释。

（5）醋酸乙酯要求纯度为分析纯（AR）或优级纯（GR），在使用前要先用水饱和。

实验十七　茶叶中茶黄素含量的测定——高效液相色谱法

（一）实验原理

茶黄素在 278nm 波长处有强吸收。茶样中的茶黄素用 70% 甲醇溶液在 70℃ 水浴提取后，采用 C_{18} 高效液相色谱柱，梯度洗脱，用紫外检测器（UVD）在 278nm 波长处检测，用外标法定性、定量四种主要茶黄素成分 TF－3－G、TF－3′－G、TF 和 TFDG。

（二）仪器与试剂

1. 主要仪器

分析天平、恒温水浴锅、抽滤装置、高效液相色谱仪、紫外检测器及数据处理系统、0.45μm 针式滤膜、微量进样器、常规玻璃器皿等。

2. 主要试剂及其配制

（1）乙腈、冰乙酸为色谱纯；水为超纯水；茶黄素类标准品，其余试剂均为分析纯。

（2）70% 甲醇水溶液（体积分数）　将甲醇与水按体积比 7:3 的比例混合均匀。

（3）10mg/mL 乙二胺四乙酸（EDTA）溶液　称取 11.071g 乙二胺四乙酸二钠二水合物，加入适量水中溶解后，稀释、定容至 1L，现用现配。

（4）10mg/mL 抗坏血酸溶液　称取 1.0g 抗坏血酸，加入适量蒸馏水中溶解后，定容至 100mL 棕色容量瓶中，现用现配。

（5）稳定溶液　分别将 25mL EDTA 溶液、25mL 抗坏血酸溶液、50mL 乙腈加入 500mL 容量瓶中，用水定容至刻度，摇匀。

（6）茶黄素标准储备溶液　分别配制 2.00mg/mL 的茶黄素（TF）、茶黄素单没食子酸酯（TFMG，即 TF-3-MG 和 TF-3′-MG）和茶黄素双没食子酸酯（TFDG，即 TF-3、3′-DG），摇匀，分装后低温避光储存。

（7）茶黄素标准工作溶液　分别用稳定溶液稀释茶黄素标准储备溶液至标准工作溶液。系列茶黄素标准工作溶液浓度为茶黄素 100.0~300.0μg/mL、茶黄素单没食子酸酯 100.0~300.0μg/mL、茶黄素双没食子酸酯 100.0~300.0μg/mL。

（8）液相色谱流动相

①流动相 A：分别将 90mL 乙腈、20mL 冰乙酸、2mL EDTA 溶液加入 1000mL 容量瓶中，用水定容至刻度，摇匀。溶液需过 0.45μm 膜。

②流动相 B：分别将 800mL 乙腈、20mL 冰乙酸、2mL EDTA 溶液加入 1000mL 容量瓶中，用水定容至刻度，摇匀。溶液需过 0.45μm 膜。

（三）实验步骤

1. 供试液制备

（1）母液制备　称取 0.2g（精确到 0.001g）均匀磨碎的试样于 10mL 离心管中，加入预热至 70℃ 的 70% 甲醇溶液 5mL，用玻璃棒充分搅拌，让试样均匀湿润后，立即将离心管移入 70℃水浴中，浸提 10min（隔 5min 搅拌一次），冷却至室温后，转入离心机在 3500r/min 转速下离心 10min，将上清液转移至 10mL 容量瓶。按以上操作残渣再用 70% 甲醇溶液提取一次。合并两次提取液，定容至 10mL，摇匀（该提取液在 4℃下可至多保存 24h）。

（2）测试液制备　用移液管移取 2mL 母液至 10mL 容量瓶中，用稳定溶液定容至刻度，摇匀，过 0.45μm 膜，待测。

2. 测定

（1）色谱条件

①色谱柱：C_{18}反相柱（粒径 5μm，250mm×4.6mm）；

②流速：1.0mL/min；

③柱温：35℃；

④进样量：10~20μL；

⑤检测波长：278nm；

⑥两相梯度洗脱条件：0~10min，100% A 相；10~25min，A 相由 100% 线性变化至 68%，B 相由 0% 线性变化至 32%；25~35min，A 相 68%，B 相 32%；35min 后，A 相由 68% 线性变化至 100%。

（2）高效液相色谱法测定　待高效液相色谱仪的流速和柱温稳定后，进行空白运行至系统稳定。准确吸取 10μL 混合标准系列工作液注射入高效液相色谱仪。在相同色谱条件下注射 10μL 供试液。供试液以峰面积定量。

（四）结果计算

1. 茶黄素含量

以茶黄素类标准物质定量，按式（2-25）计算：

$$茶黄素含量 = \frac{A \times f_{std} \times V \times d}{m \times \omega \times 10^6} \times 100\% \tag{2-25}$$

式中 A——所测样品中被测成分的峰面积

f_{std}——所测成分的校正因子（浓度/峰面积，浓度单位为 μg/mL）

V——样品提取液的体积，mL

d——稀释因子（通常为 2mL 稀释成 10mL，则其稀释因子为 5）

ω——样品干物质含量，%

m——样品质量，g

2. 茶黄素类总量

茶黄素类总量 = TF 含量 + TFMG 含量 + TFDG 含量

（五）注意事项

（1）同一样品茶黄素总量的两次测定值相对误差应≤10%。如果符合该重复性要求，则结果以重复性条件下获得的三次独立测定结果的算术平均值表示，结果保留小数点后 2 位。

（2）此法可适用于茶叶、茶叶提取物和茶叶深加工制品中的四种主要茶黄素成分的含量和总量的测定。

实验十八　茶叶中灰分的测定

灰分是指茶叶经高温灼烧后所得的残留物。根据其溶解性，茶叶灰分可分为水溶性灰分和水不溶性灰分、酸溶性灰分和酸不溶性灰分。水溶性灰分主要指钾、钠、钙、镁等的氧化物及可溶性盐类；水不溶性灰分除泥、沙等外，还包括铁、锰等的金属氧化物和碱土金属的碱式磷酸盐等。

灰分中有些矿物质是茶树正常生长不可缺少的元素，有些是人体必需的重要元素。灰分的含量因茶树品种、部位、生育阶段及茶园土壤等不同而不同，灰分的测定可在一定程度上反映茶树生育状况和品质特点。

（一）实验原理

茶样经高温灼烧，有机物被氧化分解除去，剩下的残留物即为灰分，称量残留物的质量即得总灰分。用热水提取总灰分，经无灰滤纸过滤、灼烧，称量残留物，测得水不溶性灰分。由总灰分和水不溶性灰分的质量之差计算水溶性灰分。

（二）主要仪器与用具

分析天平、石英坩埚或瓷坩埚、电热板、高温炉、干燥器、恒温水浴锅、无灰滤纸、常规玻璃器皿等。

（三）实验步骤

1. 坩埚的准备

将洁净的石英坩埚或瓷坩埚置于（525 ±25）℃的高温炉内，灼烧 1h，待炉温降至 200℃左右时，取出坩埚，置于干燥器内冷却至室温，称量（准确至 0. 0001g）。

2. 总灰分的测定

称取混匀的磨碎试样 2g（准确至 0. 0001g）于坩埚内，在电热板上徐徐加热，使试样充分炭化至无烟。将坩埚移入（525 ±25）℃高温电炉内，灼烧至灰分中明显无炭粒（不少于 2h）。待炉温降至 300℃左右时，取出坩埚，置于干燥器内冷却至室温，称量。再移入高温电炉内以（525 ±25）℃温度灼烧 1h，待炉温降至 200℃左右时，取出坩埚，置于干燥器内冷却，称量。再移入高温电炉内，灼烧 30min，取出，冷却，称量。重复此操作，直至连续两次称量差不超过 0. 001g 为止，以最小称量值为准。

3. 水不溶性灰分的测定

用 25mL 沸蒸馏水，将灰分从坩埚中全部移入 100mL 烧杯中；将烧杯移入水浴锅加热至微沸（防溅），趁热用无灰滤纸过滤，用沸蒸馏水分次洗涤烧杯和滤纸上的残留物，直至滤液和洗液体积达 150mL。将滤纸连同残留物移入原坩埚中，在沸水浴上小心地蒸去水分；将坩埚移入高温电炉内，于（525 ±25）℃灼烧至灰分中无炭粒（约 1h）。待炉温降至 200℃左右时，取出坩埚，于干燥器内冷却至室温，称量。再移入高温电炉内灼烧 30min，取出坩埚，冷却并称量，重复此操作，直至连续两次称量差不超过 0. 001g 为止，以最小称量值为准。

（四）结果计算

1. 茶样中总灰分含量以干态质量分数（%）表示，按式（2 -26）计算：

$$\text{总灰分含量} = \frac{m_1 - m_2}{m_0 \times \omega} \times 100\% \quad (2-26)$$

式中 m_1——样品和坩埚灼烧后的质量，g

m_2——坩埚的质量，g

m_0——样品质量，g

ω——样品干物质含量，%

2. 茶样中水不溶性灰分含量以干态质量分数（%）表示，按式（2 -27）计算：

$$\text{水不溶性灰分含量} = \frac{m_1 - m_2}{m_0 \times \omega} \times 100\% \quad (2-27)$$

式中 m_1——坩埚和水不溶性灰分的质量，g

m_2——坩埚的质量，g

m_0——样品质量，g

ω——样品干物质含量，%

3. 茶叶中水溶性灰分含量以干态质量分数（%）表示，按式（2 -28）计算：

$$\text{水溶性灰分含量} = \frac{m_3 - m_4}{m_0 \times \omega} \times 100\% \quad (2-28)$$

式中 m_3——总灰分的质量，g

m_4——水不溶性灰分的质量，g

m_0——样品质量，g

ω——样品干物质含量，%

（五）注意事项

（1）在重复条件下同一样品获得的两次独立测定结果的绝对差值不得超过算术平均值的5%。如果符合该重复性要求，则结果以重复性条件下获得的三次独立测定结果的算术平均值表示，结果保留小数点后1位。

（2）紧压茶以外的各类茶，先用磨碎机将少量试样磨碎，弃去，再磨碎其余部分，作为待测试样。

（3）用锤子和凿子将紧压茶分成4~8份，再在每份不同处取样，用锤子击碎；或用电钻在紧压茶上均匀钻孔9~12个，取出粉末茶样，混匀，按规定制备试样。

实验十九　茶叶中硒含量的测定

硒是人体必需的微量元素之一，具有多种生物功能，与人体健康关系密切关系。茶树是一种富硒植物，茶叶中硒含量的高低主要取决于各茶区茶园土壤中含硒量的高低。就茶树不同部位而言，一般老叶老枝的含硒量较嫩叶嫩枝的含硒量高。茶叶中的硒主要为有机硒，易被人体吸收，可在缺硒地区普及饮用富硒茶以解决人体缺硒的问题。学习茶叶中硒含量的测定方法，有助于了解各地茶叶含硒状况及不同品种、茶类硒含量的差异。

本实验采用现行国家标准方法（GB 5009.93—2017《食品安全国家标准　食品中硒的测定》）中的荧光分光光度法来检测茶叶中硒的含量。

（一）实验原理

将试样用混合酸消化，使硒化合物转化为无机硒 Se^{4+}，在酸性条件下 Se^{4+} 与2,3－二氨基萘（DAN）反应生成4,5－苯并苤硒脑，然后用环己烷萃取后上机测定。4,5－苯并苤硒脑在波长为376nm的激发光作用下，发射波长为520nm的荧光，测定其荧光强度，与标准系列比较定量。

（二）仪器与试剂

1. 主要仪器

分析天平、荧光分光光度计、恒温水浴锅、电热板、常规玻璃器皿等。

2. 主要试剂及其配制

（1）1000mg/L硒标准溶液或经国家认证并授予标准物质证书的一定浓度的硒标准溶液；盐酸与氨水为优级纯，环已烷为色谱纯，2,3－二氨基萘、乙二胺四乙酸二钠、盐酸羟胺、甲酚红等均为分析纯。

（2）1%盐酸溶液　取5mL浓盐酸，用水稀释至500mL，混匀。

（3）6mol/L盐酸溶液　取50mL盐酸，缓慢加入40mL水中，冷却后以水定容至100mL，混匀。

（4）1g/L 2,3－二氨基萘（DAN）试剂　此试剂在暗室内配制。称取0.2g

DAN 于一带盖锥形瓶中，加入 200mL 1% 盐酸溶液，振荡约 15min 使其全部溶解。加入约 40mL 环己烷，继续振荡 5min。将此液倒入塞有玻璃棉（或脱脂棉）的分液漏斗中，待分层后滤去环己烷层，收集 DAN 溶液层，反复用环己烷纯化直至环己烷中荧光降至最低时为止（纯化 5～6 次）。将纯化后的 DAN 溶液储于棕色瓶中，加入约 1cm 厚的环己烷覆盖表层，于 0～5℃保存。必要时在使用前再以环己烷纯化一次。

（5）（9+1）硝酸-高氯酸混合酸　将 900mL 硝酸与 100mL 高氯酸混匀。

（6）（1+1）氨水溶液　将 50mL 水与 50mL 氨水混匀。

（7）EDTA 混合液

①0.2mol/L EDTA 溶液：称取 37.2g 乙二胺四乙酸二钠二水合物，加水并加热至完全溶解，冷却后用水稀释至 500mL；

②100g/L 盐酸羟胺溶液：称取 10.0g 盐酸羟胺，溶解于水中，稀释至 100mL，混匀；

③0.2g/L 甲酚红指示剂：称取 50.0mg 甲酚红溶于少量水中，加氨水溶液（1+1）1 滴，待完全溶解后加水稀释至 250mL，混匀；

④分别取 50mL 0.2mol/L EDTA 溶液与 100g/L 盐酸羟胺溶液于 1L 容量瓶中，加 5mL 0.2g/L 甲酚红指示剂，用水稀释，定容，混匀。

（8）（1+9）盐酸溶液　取 100mL 盐酸，缓慢加入到 900mL 水中，混匀。

（9）100mg/L 硒标准中间液　准确吸取 1000mg/L 硒标准溶液 1.00mL 于 10mL 容量瓶中，以 1% 盐酸溶液定容，混匀。

（10）50.0μg/L 硒标准使用液　准确吸取 100mg/L 硒标准中间液 0.50mL 于 1000mL 容量瓶中，以 1% 盐酸溶液定容，混匀。

（11）系列硒标准工作溶液　准确吸取 50.0μg/L 硒标准使用液 0mL、0.200mL、1.00mL、2.00mL 和 4.00mL，相当于含有硒的质量为 0μg、0.0100μg、0.0500μg、0.100μg 及 0.200μg，加盐酸溶液（1+9）至 5mL 后，加入 20mL EDTA 混合液，用氨水溶液（1+1）及盐酸溶液（1+9）调至淡红橙色（pH 1.5～2.0）。以下步骤在暗室操作：加 1g/L DAN 试剂 3mL，混匀后，置沸水浴中加热 5min，取出冷却后，加环已烷 3mL，振摇 4min，将全部溶液移入分液漏斗，待分层后弃去水层，小心将环已烷层由分液漏斗上口倾入带盖试管中（勿使环已烷中混入水滴）。环已烷中反应产物为 4,5-苯并苤硒脑，待测。

（三）实验步骤

1. 供试样消解

准确称取 0.500～3.000g 固体试样，或准确吸取液体试样 1.00～5.00mL，置于锥形瓶中，加 10mL 硝酸-高氯酸混合酸（9+1）及几粒玻璃珠，盖上表面皿冷消化过夜。次日于电热板上加热，并及时补加硝酸。当溶液变为清亮无色并伴有白烟产生时，再继续加热至剩余体积 2mL 左右（切不可蒸干）；冷却后再加 5mL 6mol/L 盐酸溶液，继续加热至溶液变为清亮无色并伴有白烟出现，再继续加热至剩余体积 2mL 左右，冷却。同时做试剂空白。

2. 测定

（1）仪器参考条件　根据各自仪器性能调至最佳状态。参考条件为激发光波长376nm、发射光波长520nm。

（2）标准曲线的制作　将系列硒标准工作溶液按质量由低到高的顺序分别上机测定4,5－苯并苤硒脑的荧光强度。以质量为横坐标、荧光强度为纵坐标，制作标准曲线。

（3）供试液的测定　将消化后的试样溶液以及空白溶液加盐酸溶液（1+9）至5mL后，加入20mL EDTA混合液，用氨水溶液（1+1）及盐酸溶液（1+9）调至淡红橙色（pH 1.5～2.0）。以下步骤在暗室操作：加DAN试剂（1g/L）3mL，混匀后，置沸水浴中加热5min，取出冷却后，加环己烷3mL，振摇4min，将全部溶液移入分液漏斗，待分层后弃去水层，小心将环己烷层由分液漏斗上口倾入带盖试管中（勿使环己烷中混入水滴），上机测定。

（四）结果计算

茶样中硒的含量按式（2－29）计算：

$$\text{固体试样硒含量(mg/kg)} = \frac{m_1}{F_1 - F_0} \times \frac{F_2 - F_0}{m \times \omega}$$

$$\text{液体试样硒含量(mg/L)} = \frac{m_1}{F_1 - F_0} \times \frac{F_2 - F_0}{V} \qquad (2-29)$$

式中　m_1——试样管中硒的质量，μg

F_1——标准管硒荧光读数

F_0——空白管荧光读数

F_2——试样管荧光读数

ω——样品干物质含量，%

m——样品质量，g

V——样品体积，mL

（五）注意事项

（1）在重复条件下同一样品获得的两次独立测定结果的绝对差值不得超过算术平均值的20%。如果符合该重复性要求，则结果以重复性条件下获得的3次独立测定结果的算术平均值表示。当硒含量≥1.00mg/kg（或mg/L）时，计算结果保留3位有效数字；当硒含量<1.00mg/kg（或mg/L）时，计算结果保留2位有效数字。

（2）当样品称样量为1g（或1mL）时，本方法的检出限为0.01mg/kg（或0.01mg/L），定量限为0.03mg/kg（或0.03mg/L）。

（3）2,3－二氨基萘有一定毒性，使用本试剂的人员应注意防护。

（4）实验所用所有玻璃器皿均需要用硝酸溶液（1+5）浸泡过夜，然后用自来水反复冲洗，最后用蒸馏水冲洗干净。

实验二十　茶叶中氟含量的测定

氟是人体必需的微量元素，在骨骼和牙齿的形成中有重要作用。但是，氟过量会引起氟中毒。茶树是一种富氟植物，其氟的含量比一般植物高十倍至几百倍，在粗老叶片中氟含量比嫩叶更高。茶叶中的氟较易浸出，喝茶是摄取氟的有效方法之一，但是长期大量饮茶（尤其是砖茶）时应注意氟的摄取量，可见，检测茶叶中氟含量对保证茶叶质量安全起到重要作用。

本实验采用氟离子选择电极测定茶叶氟含量。

（一）实验原理

氟离子选择电极的氟化镧单晶膜对氟离子产生选择性的对数响应，当氟电极和饱和甘汞电极组成电池，电池电动势可随待测溶液中氟离子浓度的变化而改变，其变化规律符合能斯特（Nernst）方程式。

$$E = E^0 - \frac{2.303RT}{F}\lg c_{F^-} \quad (2-30)$$

式中　E——电池电动势，mV

E^0——在一定的试验条件下为一定值，mV

R——摩尔气体常数，8.314J/（mol·K）

T——测定时热力学温度，K

F——法拉第常数，96486.70C/mol

c_{F^-}——氟离子浓度，mol/L

（二）仪器与试剂

1. 主要仪器

氟离子计、氟电极、酸度计、磁力搅拌器、饱和甘汞电极、恒温水浴锅，分析天平、常规玻璃器皿等。

2. 主要试剂及其配制

（1）本实验所用水为去离子水，所用试剂为分析纯。

（2）1mol/L 乙酸　取 3mL 冰乙酸，以水稀释至 50mL。

（3）3mol/L 乙酸钠溶液　称取 204.12g 三水合乙酸钠（$CH_3COONa \cdot 3H_2O$），溶于 300mL 水中，用 1mol/L 乙酸调节 pH 至 7.0，加水稀释，定容至 500mL。

（4）0.75mol/L 柠檬酸钠溶液　称取 110.25g 柠檬酸钠（$Na_3C_6H_5O_7 \cdot 2H_2O$），溶于 300mL 水中，加 14mL 高氯酸，摇匀，再加水稀释，定容至 500mL。

（5）总离子强度调节缓冲液　3mol/L 乙酸钠溶液与 0.75mol/L 柠檬酸钠溶液等体积混合，临用时现配制。

（6）1mg/mL 氟离子标准溶液　先将氟化钠于 120℃ 烘 4h，冷却后精确称取 2.210g，以水溶解，定容至 1000mL，摇匀，储存于聚乙烯瓶中，置 4℃ 冰箱保存。

（7）10μg/mL 氟离子标准工作液　吸取 10.0mL 氟离子标准溶液于 100mL 容量瓶中，加水稀释至刻度。再重复稀释一次即得氟标准工作液。

（三）实验步骤

1. 供试液制备

准确称取经粉碎过 40 目筛的样品 0.300g 于 100mL 锥形瓶中，加入 40mL 沸水，在沸水浴中浸提 30min，取出冷却，用 50mL 总离子强度调节缓冲液将提取液转移至

100mL 容量瓶中，加水定容，混匀，备用。同时做空白实验。

2. 氟离子选择电极的准备

将氟电极和饱和甘汞电极分别与测量仪的负极和正极相连接。将电极插入盛有25mL 去离子水的塑料烧杯中，杯中放入洗净、擦干的覆盖了聚乙烯或聚四氟乙烯等的磁力棒，开启磁力搅拌器搅拌，读取平衡电位值；更换 2～3 次水，待电位值平衡后，即可进行标准溶液和供试液的电位测定。

3. 标准曲线的绘制

准确吸取 0. 0mL、1. 0mL、5. 0mL、10. 0mL、15. 0mL、20. 0mL 10μg/mL 氟离子标准工作液于 100mL 容量瓶中，分别于各容量瓶中加入总离子强度调节缓冲液 50mL，加水至刻度，混匀，备用。

4. 测定

分别取上述系列标准溶液和供试液 25mL 于塑料烧杯中，用校正后的电极测定溶液的电位，以电位差值为纵坐标、氟离子浓度的对数为横坐标，绘制标准曲线。

(四) 结果计算

茶样中氟含量按式（2－31）计算：

$$氟含量(mg/g) = \frac{(c - c_0) \times V}{(m \times \omega) \times 1000} \tag{2-31}$$

式中 c——根据电位差值由标准曲线求得供试液中氟的浓度，μg/mL

c_0——根据电位差值由标准曲线求得空白液中氟的浓度，μg/mL

V——供试液体积，mL

ω——样品干物质含量，%

m——样品质量，g

(五) 注意事项

（1）在重复条件下同一样品获得的两次独立测定结果的绝对差值不得超过算术平均值的 10%。如果符合该重复性要求，则结果以重复性条件下获得的三次独立测定结果的算术平均值表示，结果保留小数点后 1 位。

（2）氟离子选择电极具有很好的选择性，除与氟离子形成络合物的 Fe^{3+}、Al^{3+} 及 ${SiO_3}^{2-}$ 等离子干扰测定外，其他常见离子无影响。酸度较高时，由于会形成 ${HF_2}^-$，使得 F^- 浓度降低，因此测定时需要控制测定液的酸度为 pH 5～6。用总离子强度调节缓冲溶液，消除干扰离子及酸度的影响。

（3）开启磁力搅拌器搅拌时，搅拌速度以没有供试液溅出为准，注意保证每次测定的搅拌速度恒定。

（4）平衡电位值指每分钟电位值改变小于 0. 5mV；当氟化物浓度极低时，达到平衡电位值后，电位值改变 0. 5mV 需要 5min 以上。

实验二十一　茶叶中锰含量的测定

锰是人体必需的微量元素之一。它参与体内若干种有重要生理作用的酶的构成，是构成正常骨骼所必需的物质，在人体内起着极其重要的作用。茶树是一种富锰植物，且锰是茶树生长发育必需的微量元素之一，缺锰会严重影响茶树的生长发育。茶树体内锰的含量的高低与茶树品种、生长季节、组织部位及生育阶段等有关。一般锰大量地存在于叶片中，根部含量较少，且其含量随叶片的老化而增加。

本实验采用电感耦合等离子体原子发射光谱法测定茶叶中的锰含量。

（一）实验原理

样品溶液被喷成雾状并随工作气体进入内管，穿过等离子体核心区，被解离为原子或离子并被激发，发射出特征谱线。在波长 257.61nm 处，锰元素的特征光谱线的强度与试样中的含量成正比，可用以定量分析。

电感耦合等离子体原子发射光谱法就是以高频电感耦合等离子体为激发光源的原子发射光谱法，可对约 70 多种金属元素进行分析。

（二）仪器与试剂

1. 主要仪器

分析天平、微波消解系统、电感耦合等离子原子发射光谱仪、可调式电热板、常规玻璃器皿等。

2. 主要试剂及其配制

（1）本实验所用水均为超纯水，硝酸、高氯酸等其他试剂为分析纯。

（2）2% 硝酸溶液　取 300mL 水于 500mL 烧杯中，缓缓加入 30.8mL 浓硝酸，搅拌均匀，待溶液冷却后移入 1000mL 定量瓶内，加水稀释、定容。

（3）1000μg/mL 锰标准溶液。

（三）实验步骤

1. 试样的消解

准确称取粉碎的茶叶样品 0.2500g 至聚四氟乙烯坩埚中，加入 10mL 混酸（硝酸:高氯酸 = 10:1），盖上表面皿，静置过夜。次日置可调式电热板上 160℃ 加热消化，若消化不完全，补加少量混合酸，直至冒白烟，溶液呈无色透明或略带黄色且残留量不超过 1mL，冷却。用少量超纯水多次洗入 25mL 容量瓶中，定容，混匀待测，同时作试剂空白。

2. 锰标准使用液的配制

准确吸取 1000μg/mL 锰标准溶液 1.00mL 于 100mL 容量瓶中，用 2% 硝酸溶液稀释至刻度，摇匀，配制 10μg/mL 锰标准使用液。按照相同的操作，再逐级稀释成 1.0μg/mL、0.1μg/mL、0.01μg/mL 锰标准使用液，待测。

3. 测定

（1）仪器工作条件

①射频功率：1150W；

②雾化器压力：25psi（172.37kPa）；

③辅助气流量：0.5L/min；

④紫外区积分时间：20s；

⑤可见区积分时间：20s；

⑥样品冲洗时间：20s。

（2）测定　开机，待等离子体稳定后方可进行测定，以 2% 硝酸溶液作为标准空白。测定时，分别将标准空白、锰标准使用液、供试液及试剂空白溶液导入电感耦合等离子原子发射光谱仪中进行测定。系列锰标准使用液按照浓度由低到高的顺序导入仪器，以锰标准使用液的浓度为纵坐标，对应的信号响应值为横坐标，绘制标准曲线。

（四）结果计算

茶样中锰含量按式（2－32）计算：

$$锰含量(\mu g/g) = \frac{(A_{1i} - A_{0i}) \times V}{m \times \omega} \tag{2-32}$$

式中　A_1——供试液中锰元素的含量，μg/mL

A_0——试剂空白液中锰元素的含量，μg/mL

V——供试液体积，mL

ω——样品干物质含量，%

m——试样干物质质量，g

（五）注意事项

（1）在重复条件下同一样品获得的两次独立测定结果的绝对差值不得超过算术平均值的 10%。如果符合该重复性要求，则结果以重复性条件下获得的三次独立测定结果的算术平均值表示，结果保留 4 位有效数字。

（2）使用硝酸和高氯酸（9∶1）的混酸溶液消解样品时要注意安全，用可调式电热板消解时，先小火再大火；消解时不能将消解液蒸干，且消解时最好在通风橱中进行。

第二节　茶叶中酶活性分析

实验二十二　茶叶中多酚氧化酶活性的测定

多酚氧化酶是茶树体内最重要的酶类之一，它不仅在茶树生理代谢过程中起着重要作用，而且在茶叶加工，尤其是在红茶加工过程中，起着催化多酚类物质氧化的主导作用，是影响红茶品质形成的关键酶。测定多酚氧化酶的活性，对了解茶树的代谢状况及茶叶加工过程中物质的转化，控制茶叶品质的形成具有极为重要的意义。

多酚氧化酶活性检测方法较多，包括检压法、分光光度法、氧电极法和滴定法等。本实验采用分光光度法测定多酚氧化酶活性。

（一）实验原理

多酚氧化酶是一种含铜的氧化酶，该酶在一定的温度、pH 及有氧存在条件时，能催化邻苯二酚氧化生成有色产物，单位时间内该有色产物在 460nm 波长处的吸光度值与酶活性强弱成正相关，可通过测定 460nm 波长处的吸光度值来计算多酚氧化酶的活性。

（二）仪器与试剂

1. 材料

茶鲜叶或红茶、乌龙茶等加工过程各工序的在制品。

2. 主要仪器

分析天平、低温高速冷冻离心机、研钵或组织捣碎机、恒温水浴锅、分光光度计及常规玻璃器皿等。

3. 主要试剂及其配制

（1）本实验所用水为蒸馏水，所用不溶性聚乙烯吡咯烷酮（PVPP）、邻苯二酚、脯氨酸灯光试剂均为分析纯。

（2）1%邻苯二酚溶液　准确称取1.0g邻苯二酚，加水溶解后，定容至100mL棕色容量瓶中，现用现配。

（3）0.1%脯氨酸溶液　准确称取0.100g脯氨酸，加水溶解后，定容至100mL容量瓶中。

（4）6mol/L尿素溶液　称取36.036g尿素，加水溶解后，定容至100mL容量瓶中。

（5）pH 5.6柠檬酸－磷酸缓冲液　先配制以下两种溶液：

①0.1mol/L柠檬酸溶液：称取21.014g柠檬酸一水合物（$C_6H_8O_7 \cdot H_2O$，相对分子质量210.14），加水溶解，稀释至1L；

②0.2mol/L磷酸氢二钠溶液：称取35.61g磷酸氢二钠二水合物（$Na_2HPO_4 \cdot 2H_2O$，相对分子质量178.05），加水溶解，稀释至1L。

取0.1mol/L柠檬酸溶液420mL与0.2mol/L磷酸氢二钠溶液580mL混合均匀，即为pH 5.6的柠檬酸－磷酸盐缓冲液。

（三）实验步骤

1. 丙酮粉提取酶

称取洗净茶鲜叶或发酵叶等10.00g，置于组织捣碎机内，加入2.0g不溶性聚乙烯吡咯烷酮、80mL冷丙酮，捣碎成匀浆，或于预冷的研钵中加入不溶性聚乙烯吡咯烷酮、石英砂及冷丙酮，于冰浴上快速研磨成匀浆，然后抽滤；滤渣用80%冷丙酮反复淋洗，洗至滤出液无色为止。所得的滤渣即丙酮粉，置冰箱备用。

2. 匀浆

将丙酮粉置于研钵中，加入少许石英砂，按1:3质量体积比（*m/V*）加入pH 5.6柠檬酸－磷酸盐缓冲液，在冰浴中研磨匀浆20min，然后用挤压法和抽滤得粗酶液，将粗酶液在4℃、4000r/min离心15min，上清液即为多酚氧化酶溶液，调节酶溶液至一定体积，供活性测定。

3. 失活酶液的制备

取多酚氧化酶溶液5mL于具塞试管中，于沸水浴煮沸2min，冷却至室温，备用。

4. 酶活性测定

将pH 5.6柠檬酸－磷酸盐缓冲液、0.1%脯氨酸溶液、1%邻苯二酚溶液按体积比10:2:3混合在一起，配制成反应混合液；取该反应混合液3mL于离心管中，加入1mL酶液，摇匀，迅速置37℃温浴10min，及时取出置于冰浴上，立即加入6mol/L尿素溶液3mL（或用三氯乙酸1mL）终止反应，4000r/min离心10min，取上清液。以空白对照为参比，用10mm比色皿在460nm波长处测溶液的吸光度值。空白对照为向反应混合液中加入煮沸失活的酶液，其他操作条件与样品测定相同。

（四）结果计算

酶活性以每克样每分钟 A_{460} 增加 0.1 为一个酶活力单位，用 U/g 表示，按式（2－33）计算茶叶多酚氧化酶的活性。

$$酶活力(U/g) = \frac{A_{460} \times d}{0.1 \times m \times t} \tag{2-33}$$

式中 A_{460}——反应终止时在 460nm 处的吸光度值

d——供试酶液稀释倍数

m——样品鲜质量，g

t——反应时间，min

0.1——每分钟 A_{460} 增加 0.1 为 1 个酶活力单位

（五）注意事项

（1）酶的反应混合液必须在临用前配制，否则会因邻苯二酚的自动氧化而影响结果。

（2）本试验的反应底物邻苯二酚可用儿茶素代替。

（3）脯氨酸在本试验中的作用是作为有色氧化产物的稳定剂和加速剂。

（4）酶蛋白易被多酚类物质沉淀而变性，故在提取多酚氧化酶时，必须要加入不溶性聚乙烯吡咯烷酮来吸附多酚类物质。

（5）反应时间要视酶活性的强弱而定，一般控制在 10～20min，最长不超过 30min。

（6）结果以重复性条件下获得的三次独立测定结果的算术平均值表示，结果保留小数点后 2 位。

实验二十三 茶叶中过氧化氢酶活性的测定

过氧化氢酶是茶树体内重要的酶类之一，在茶树体内的主要作用就是促使过氧化氢分解为分子氧和水。过氧化氢不仅可以直接或间接地氧化细胞内核酸、蛋白质等大分子物质，还可使细胞膜遭受损害，从而加速细胞衰老和解体，因此，过氧化氢酶是茶树体内重要的生物防御体系之一。通常情况下，茶树体内过氧化氢的含量较为稳定，但当茶树受到逆境胁迫或衰老时，过氧化氢的含量会在短时间内积聚。因此，茶树体内过氧化氢含量和过氧化氢酶的活性与植物的抗逆性密切相关。在红茶加工过程中，过氧化氢酶的活性也将发生变化，并对红茶的品质产生一定影响。

本实验的目的在于掌握过氧化氢酶活性的测定方法，了解不同茶树品种的抗逆性，了解红茶加工过程中过氧化氢酶活性的变化情况，为筛选优良茶树品种和通过调控红茶加工过程中主要参与酶类活性的变化而增进红茶品质提供依据。

过氧化氢酶的测定方法较多，有碘量法、高锰酸钾滴定法、氧电极法、紫外吸收法等。本实验采用高锰酸钾滴定法与紫外吸收法进行测定。

（一）方法一：高锰酸钾滴定法

1. 实验原理

过氧化氢酶（CAT）属于血红蛋白酶，是以铁卟啉为辅基的结合酶，能催化过氧化氢分解成分子氧和水，在此过程中起传递电子的作用，过氧化氢则既是氧化剂又是还原剂。

$$H_2O_2 + R(Fe^{2+}) = R(Fe^{3+} + OH^-)$$
$$R(Fe^{3+} + OH^-) + H_2O_2 = R(Fe^{2+})_2 + H_2O + O_2$$

利用过氧化氢酶能催化过氧化氢分解成分子氧和水，加入过量的过氧化氢，与酶反应一定时间后，终止酶活性，用标准高锰酸钾溶液（在酸性条件下）滴定多余的过氧化氢，根据高锰酸钾溶液的消耗量即可计算出试样中过氧化氢酶的活力。

2. 仪器与试剂

（1）材料　茶鲜叶或红茶、乌龙茶等加工过程各工序的在制品。

（2）主要仪器　分析天平、低温高速冷冻离心机、研钵或组织捣碎机、恒温水浴锅、分光光度仪、酸式滴定管、冰箱及常规玻璃器皿等。

（3）主要试剂及其配制

①本实验所用水为蒸馏水，所用草酸为优级纯，不溶性聚乙烯吡咯烷酮（PVPP）、高锰酸钾、草酸、过氧化氢等试剂均为分析纯。

②10% 硫酸溶液：取 10.2mL 浓硫酸慢慢加入约 80mL 水中，搅拌、混匀，冷却至室温后，将稀释的硫酸倒入 100mL 容量瓶中，以水定容到刻度；冷却后再次定容，混匀。

③0.1mol/L 草酸溶液：称取 12.607g 草酸二水合物，用蒸馏水溶解后，定容至 1000mL。

④0.1mol/L 高锰酸钾标准溶液：称取 3.1605g 高锰酸钾，用新煮沸冷却的蒸馏水溶解并定容至 1000mL，临用前用 0.1mol/L 草酸溶液标定。

⑤0.1mol/L 过氧化氢溶液：取市售的 30% 过氧化氢溶液 5.68mL，用蒸馏水稀释至 1000mL，临用前用 0.1mol/L 高锰酸钾标准溶液（在酸性条件下）标定。

⑥0.05mol/L 磷酸缓冲液（pH 6.6）：先配制以下两种溶液：

0.2mol/L 磷酸氢二钠溶液：称取 35.61g 磷酸氢二钠二水合物（$Na_2HPO_4 \cdot 2H_2O$）或 71.64g 磷酸氢二钠十二水合物（$Na_2HPO_4 \cdot 12H_2O$），加水溶解，稀释至 1L。

0.2mol/L 磷酸二氢钠溶液：称取 27.60g 磷酸二氢钠一水合物（$NaH_2PO_4 \cdot H_2O$）或 31.21g 磷酸二氢钠二水合物（$NaH_2PO_4 \cdot 2H_2O$），加水溶解，稀释至 1L；

取 0.2mol/L 磷酸氢二钠溶液 37.5mL 与 0.2mol/L 磷酸二氢钠溶液 62.5mL 混合均匀，加水稀释至 400mL 即为 pH6.6 的 0.05mol/L 磷酸缓冲液。

3. 实验步骤

（1）酶液提取　称取茶鲜叶或茶叶加工过程各工序的在制品 4.00g，置于组织捣碎机内，加入不溶性聚乙烯吡咯烷酮 1.0g、预冷的 0.05mol/L pH6.6 磷酸缓冲液 5.0mL，捣碎成匀浆，或于预冷的研钵中加入不溶性聚乙烯吡咯烷酮 1.0g、预冷的 0.05mol/L pH6.6 磷酸缓冲液 5.0mL 及石英砂 2g，于冰浴上快速研磨成匀浆，将匀浆转入 25mL 容量瓶中，并用缓冲液冲洗研钵数次，合并洗液，以缓冲液定容到刻度，摇匀。将提取液在 4℃、4000r/min 离心 15min，上清液即为过氧化氢酶粗提液，保存于 4℃ 备用。

（2）酶失活　取过氧化氢酶粗提液 10mL 于具塞试管中，沸水浴煮沸 2min，冷却至室温，备用。

(3) 酶活性测定　取50mL三角瓶5个（3个测定，2个为对照），于测定瓶中加入酶液2.5mL，对照瓶中加入失活酶液2.5mL，再分别加入0.1mol/L过氧化氢溶液2.5mL，于30℃恒温水浴锅中保温10min，立即加入10%硫酸溶液2.5mL，摇匀，用0.1mol/L高锰酸钾标准溶液滴定剩余的过氧化氢，至微红色出现且30s不褪色为终点，记录消耗的高锰酸钾标准溶液体积。

4. 结果计算

酶活性以每克样每分钟分解0.1mg过氧化氢为一个酶活力单位，用U/g表示，按式（2-34）计算茶叶过氧化氢酶的活性。

$$酶活力(U/g) = \frac{(V_0 - V_1) \times \frac{V_2}{V_3} \times 1.7}{0.1 \times m \times t} \tag{2-34}$$

式中　V_0——滴定对照消耗高锰酸钾体积，mL

V_1——酶反应后消耗高锰酸钾体积，mL

V_2——酶液总体积，mL

V_3——测定用酶液体积，mL

t——反应时间，min

m——样品鲜质量，g

1.7——与1.00mL 0.1mol/L高锰酸钾标准溶液相当的过氧化氢量

0.1——每克样每1min分解0.1mg过氧化氢为一个酶活力单位

5. 注意事项

(1) 高锰酸钾溶液、过氧化氢溶液临用前要标定。

(2) 酶蛋白易被多酚类物质沉淀而变性，故在提取过氧化氢酶时，必须要加入不溶性聚乙烯吡咯烷酮来吸附多酚类物质。

(3) 结果以重复性条件下获得的三次独立测定结果的算术平均值表示，结果保留小数点后2位。

（二）方法二：紫外吸收法

1. 实验原理

过氧化氢在240nm波长处有强烈吸收，过氧化氢酶能分解过氧化氢。在反应体系中加入过氧化氢酶会使反应溶液的吸光度值（A_{240}）随反应时间延长而降低。根据溶液吸光度值的变化速度即可计算出过氧化氢酶的活性。

2. 仪器与试剂

(1) 材料　茶鲜叶或红茶、乌龙茶等加工过程各工序的在制品。

(2) 主要仪器　分析天平、低温高速冷冻离心机、研钵或组织捣碎机、恒温水浴锅、紫外分光光度仪、冰箱及常规玻璃器皿等。

(3) 主要试剂及其配制

①本实验所用水为蒸馏水，所用草酸为优级纯，不溶性聚乙烯吡咯烷酮（PVPP）、高锰酸钾、草酸、过氧化氢等试剂均为分析纯；

②0.1mol/L过氧化氢溶液：配制同方法一（高锰酸钾滴定法）；

③0.05mol/L磷酸缓冲液（pH 6.6）：配制同方法一（高锰酸钾滴定法）。

3. 实验步骤

（1）酶液提取　称取洗净茶鲜叶或红茶加工过程各工序的在制品4.00g，置于组织捣碎机内，加入不溶性聚乙烯吡咯烷酮1.0g、预冷的0.05mol/L pH6.6磷酸缓冲液5.0mL，捣碎成匀浆，或于预冷的研钵中加入不溶性聚乙烯吡咯烷酮1.0g、预冷的0.05mol/L pH6.6磷酸缓冲液5.0mL及石英砂2g，在冰浴上快速研磨成匀浆；将匀浆转入25mL容量瓶中，并用缓冲液冲洗研钵数次，合并洗液，以缓冲液定容到刻度，摇匀。将提取液在4℃、4000r/min离心15min，上清液即为过氧化氢酶粗提液，保存于4℃备用。

（2）酶失活　取过氧化氢酶粗提液5mL于具塞试管中，沸水浴煮沸2min，冷却至室温，备用。

（3）酶活性测定　取10mL具塞试管5支，其中3支为样品测定管，2支为空白管，按表2－3顺序加入试剂。

表2－3　紫外吸收法测定过氧化氢样品液配制表

试剂用量	试管号				
	1#	2#	3#	0#	空白对照
酶液/mL	0.2	0.2	0.2	0	0
失活酶液/mL	0	0	0	0.2	0
磷酸缓冲液/mL	1.5	1.5	1.5	1.5	1.7
水/mL	1.0	1.0	1.0	1.0	1.0

将上述试管于25℃水浴预热后，逐管加入0.3mL 0.1mol/L过氧化氢溶液，空白对照加0.3mL磷酸缓冲液，每加完一管立即计时，于25℃恒温水浴中保温4min，立即取出，并迅速倒入石英比色皿中，以空白对照为参比，于240nm波长处测定溶液吸光度值。

4. 结果计算

酶活性以每分钟内A_{240}减少0.1的酶量为一个酶活力单位，用U/g表示，按式（2－35）计算茶叶过氧化氢酶的活性。

$$\text{酶活力(U/g)} = \frac{\Delta A_{240} \times V_0}{0.1 \times V_1 \times m \times t}$$

$$\Delta A_{240} = A_{0\#} - \frac{A_{1\#} + A_{2\#} + A_{3\#}}{3} \quad (2-35)$$

式中　V_0——酶提取液总体积，mL

V_1——测定用酶液体积，mL

$A_{0\#}$——失活酶液对照管吸光度值

$A_{1\#}$——样品管吸光度值

$A_{2\#}$——样品管吸光度值

$A_{3\#}$——样品管吸光度值

t——反应时间，min

m——样品鲜质量，g

0.1——A_{240}每下降0.1为1个酶活力单位

5. 注意事项

（1）凡在240nm波长处有强吸收的物质均对本实验有干扰。

（2）酶蛋白易被多酚类物质沉淀而变性，故在提取过氧化氢酶时，必须要加入不溶性聚乙烯吡咯烷酮来吸附多酚类物质。

（3）结果以重复性条件下获得的三次独立测定结果的算术平均值表示，结果保留小数点后2位。

实验二十四　茶叶中过氧化物酶活性的测定

过氧化物酶是茶树体内极为重要的氧化酶，催化过氧化氢对某些物质进行氧化作用。它与茶树的呼吸作用、光合作用、生长素的氧化及木质素的形成等都有关系，其活性随茶树生长发育进程以及环境条件的改变而变化，测定过氧化物酶的活性可以反映某一时期茶树体内的代谢及抗逆性的变化。一般老化组织中过氧化物酶活性较高，幼嫩组织中活性较弱。在茶叶加工过程中，过氧化物酶参与发酵过程中酚类物质的氧化反应，对红茶、乌龙茶等茶叶品质的形成起着重要作用。由此可见，测定茶叶过氧化物酶的活性，能了解茶树的新陈代谢，掌握鲜叶在加工过程中物质的氧化程度。

过氧化物酶活性的测定可用滴定法和愈创木酚法。本实验采用愈创木酚法测定茶叶过氧化物酶活性。

（一）实验原理

过氧化物酶是茶树体内重要的氧化酶，主要催化过氧化氢对某些物质进行氧化作用，不能利用空气中的氧。过氧化物酶以铁卟啉为辅基，作用底物广泛，可将单酚、邻苯二酚、连苯三酚、抗坏血酸、色氨酸、酪氨酸等氧化。

愈创木酚法测定过氧化物酶活性的原理为过氧化物酶催化过氧化氢将愈创木酚氧化成红棕色物质，该物质在470nm波长处有最大吸收峰，通过测定470nm波长处吸光度值的变化，即可得知过氧化物酶的活性。

（二）仪器与试剂

1. 材料

茶鲜叶或红茶、乌龙茶等加工过程各工序的在制品。

2. 主要仪器

分析天平、低温高速冷冻离心机、研钵或组织捣碎机、恒温水浴锅、分光光度仪、冰箱及常规玻璃器皿等。

3. 主要试剂及其配制

（1）本实验所用水均为蒸馏水，除特殊说明外，所用试剂均为分析纯。

（2）0.3%愈创木酚乙醇溶液　称0.3g愈创木酚，用95%乙醇稀释、定容于100mL容量瓶，保存于棕色瓶中备用。

（3）0.3%过氧化氢溶液　取市售的30%过氧化氢溶液1.0mL，用蒸馏水稀释至100mL，临用前用0.1mol/L高锰酸钾标准溶液（在酸性条件下）标定。现配现用。

（4）0.05mol/L磷酸缓冲液（pH6.0）　0.2mol/L磷酸氢二钠与0.2mol/L磷酸二氢钠溶液的配制见实验二十三。取0.2mol/L磷酸氢二钠溶液12.3mL与0.2mol/L磷酸二氢钠溶液87.7mL混合均匀，加水稀释至400mL即为pH6.0的0.05mol/L磷酸缓冲液。

（三）实验步骤

1. 酶液提取

称取茶样0.5g，置于预冷的研钵中，加入不溶性聚乙烯吡咯烷酮0.5g、石英砂1g及适量预冷的0.05mol/L pH6.0磷酸缓冲液，在冰浴上快速研磨成匀浆；或加入不溶性聚乙烯吡咯烷酮0.5g与适量预冷的0.05mol/L pH6.0磷酸缓冲液后，用组织捣碎机捣成匀浆；将匀浆用磷酸缓冲液全部移入离心管中，于4℃低温、以10000r/min离心15min，上清液即为粗酶液。用磷酸缓冲液将粗酶液定容至一定体积，置4℃冰箱中保存。

2. 酶活性测定

取0.3%愈创木酚溶液1.0mL于具塞试管中，加入0.05mol/L磷酸缓冲液（pH6.0）1.5mL，0.5mL酶液或失活酶液，混匀后加入0.3%过氧化氢溶液1.0mL；将各管于35℃恒温水浴中保温4min，立即取出，用1cm比色皿，以空白对照为参比，在470nm波长处测反应4min时溶液的吸光度值。空白对照管不加愈创木酚溶液，以0.05mol/L磷酸缓冲液代替，其他操作相同。

（四）结果计算

酶活性以每克样每分钟A_{470}值增加0.1为一个酶活力单位，用U/g表示，按式（2-36）计算茶叶过氧化物酶的活性。

$$酶活力(U/g)=\frac{(A_S-A_0)\times\frac{V_1}{V_2}}{0.1\times m\times t} \tag{2-36}$$

式中　A_S——样品管在470nm处的吸光度值

A_0——失活酶液对照管在470nm处吸光度值

V_1——酶液总体积，mL

V_2——测定用酶液体积，mL

m——样品鲜质量，g

t——反应时间，min

0.1——每克样每分钟A_{470}值增加0.1为一个酶活力单位

（五）注意事项

（1）酶活性随反应时间的延长是变化的，实验中要控制好时间，并准确计时。

（2）为了提高实验结果的准确性，可测定每分钟的吸光度值变化，以时间对吸光度值的变化作图，取线性关系内的数据来计算酶活性。

（3）酶蛋白易被多酚类物质沉淀而变性，故在提取过氧化氢酶时，必须要加入不溶性聚乙烯吡咯烷酮来吸附多酚类物质。

（4）结果以重复性条件下获得的三次独立测定结果的算术平均值表示，结果保留小数点后 2 位。

实验二十五　茶叶中苯丙氨酸解氨酶活性的测定

苯丙氨酸解氨酶（PAL）广泛存在于高等植物和部分微生物中，是植物次生代谢的关键酶和限速酶。它催化 L－苯丙氨酸脱氨形成反式肉桂酸，对茶树体内多酚类物质、木质素等次生物质的形成起着重要的调节作用，与茶树生长发育、抗病性、防紫外辐射等密切相关。由此可见，测定茶叶中苯丙氨酸解氨酶的活性具有重要意义。

本实验采用紫外分光光度法测定茶叶苯丙氨酸解氨酶的活性。

（一）实验原理

苯丙氨酸解氨酶催化 L－苯丙氨酸脱氨形成反式肉桂酸和氨，由于反式肉桂酸在 290nm 波长处具有最大吸收，因此，可根据肉桂酸的形成量可以反映酶的活性。

（二）仪器与试剂

1. 材料

茶鲜叶。

2. 主要仪器

分析天平、低温高速冷冻离心机、研钵或组织捣碎机、恒温水浴锅、紫外分光光度仪、冰箱及常规玻璃器皿等。

3. 主要试剂及其配制

（1）本实验所用水均为蒸馏水，除特殊说明外，所用试剂均为分析纯。

（2）0.1mol/L Tris－盐酸缓冲液（pH 8.8）　先配制以下两种溶液：

①0.1mol/L 三羟甲基氨基甲烷（Tris）溶液：称取 12.11g 三羟甲基氨基甲烷，加水溶解，稀释至 1L；

②0.1mol/L 盐酸溶液：取 9mL 市售浓盐酸，以水稀释至 1L，摇匀。

取 0.1mol/L 三羟甲基氨基甲烷溶液 50mL 与 0.1mol/L 盐酸溶液 8.5mL 混合，加水稀释至 100mL，混匀，即为 pH8.8 的 Tris－盐酸缓冲液。

（3）0.02mol/L L－苯丙氨酸　准确称取 3.304g L－苯丙氨酸，以 Tris－盐酸缓冲液溶解后，再稀释、定容至 1L，混匀。

（4）7mmol/L 巯基乙醇　取 0.5mL 巯基乙醇，用 Tris－盐酸缓冲液稀释至 1L，混匀。

（三）实验步骤

1. 苯丙氨酸解氨酶的提取

称取洗净茶鲜叶 1.00g 于预冷的研钵中，加入 1.0g 不溶性聚乙烯吡咯烷酮、5mL Tris－盐酸缓冲溶液及少量石英砂，在冰浴上快速研磨成匀浆；或加入不溶性聚乙烯吡咯烷酮

1.0g与适量预冷的Tris－盐酸缓冲液后，用组织捣碎机捣成匀浆；将匀浆用Tris－盐酸缓冲液全部移入离心管中，于4℃、10000r/min离心15min，上清液即为粗酶液。用Tris－盐酸缓冲液将粗酶液定容至一定体积，置4℃冰箱中保存。

2. 酶活性测定

（1）取0.02mol/L的L－苯丙氨酸1mL和0.1mol/L的Tris－盐酸缓冲液2mL于具塞试管中，空白对照管不加L－苯丙氨酸，以Tris－盐酸缓冲液代替。将各管于30℃恒温水浴中保温3min。

（2）向各管中加入1mL的酶液，混匀，以空白对照为参比，立即用紫外分光光度仪测定A_{290}波长处的吸光度值，并准确计时。

（3）将各管放入30℃恒温水浴中保温30min，取出后立即测定第2次的吸光度值。

（四）结果计算

酶活性以每克样每分钟A_{290}值增加0.01为一个酶活力单位，用U/g表示，按式（2－37）计算茶叶苯丙氨酸解氨酶的活性。

$$\text{酶活力(U/g)} = \frac{\Delta A_{290} \times \frac{V_1}{V_2}}{0.01 \times m \times t} \qquad (2-37)$$

式中　A_{290}——第二次测定的吸光度值减去起始测得的吸光度值之差

V_1——酶液总体积，mL

V_2——测定用酶液体积，mL

m——样品鲜质量，g

t——反应时间，min

0.01——每克样每分钟A_{290}值增加0.01为一个酶活力单位

（五）注意事项

（1）苯丙氨酸解氨酶属于诱导酶，受光（如红光）、受伤、病害感染等诱导活性会增高。

（2）本实验所用0.1mol/L Tris－盐酸缓冲液（pH8.8）可用0.1mol/L硼酸缓冲液代替。

（3）在提取苯丙氨酸解氨酶时，必须要加入不溶性聚乙烯吡咯烷酮来吸附多酚类物质，以避免酶变性。

（4）结果以重复性条件下获得的三次独立测定结果的算术平均值表示，结果保留小数点后2位。

实验二十六　茶叶中果胶酶活性的测定

果胶酶是一类分解果胶的酶的总称，广泛存在于植物和微生物中。在茶叶萎凋过程中，果胶酶将不溶性的果胶物质水解为可溶性果胶，从而直接或间接地影响茶叶色、香、味品质的形成。通过测定果胶酶的活性，了解茶叶加工过程中果胶酶活性的变化，对提高茶叶品质的形成具有极为重要的意义。

测定果胶酶活性的方法主要有分光光度法、滴定法、黏度降低法等，本实验采用分光光度法测定果胶酶的活性。

（一）实验原理

测定果胶酶活性的分光光度法，又称3,5－二硝基水杨酸比色法（简称DNS法），该方法是以果胶为底物，在一定温度、时间和条件下利用果胶酶催化果胶水解产生半乳糖醛酸；半乳糖醛酸是一种还原糖，可与3,5－二硝基水杨酸共热产生棕红色的氨基化合物，在一定浓度范围内，水解生成的半乳糖醛酸的量与溶液颜色成正比。该物质在540nm波长处有强的吸收峰，利用分光光度计测定540nm处的吸光度值，即可计算出果胶酶的活性。

（二）仪器与试剂

1. 材料

茶鲜叶或茶叶加工过程各工序的在制品。

2. 主要仪器

分析天平、低温高速冷冻离心机、研钵、恒温水浴锅、分光光度仪、冰箱及常规玻璃器皿等。

3. 主要试剂及其配制

（1）本实验所用水均为蒸馏水，除特殊说明外，所用试剂均为分析纯。

（2）1%氯化钠溶液　称取5.85g氯化钠，溶于适量水中后，全部移入100mL容量瓶，定容。

（3）1.0%　3,5－二硝基水杨酸（DNS试剂）　称取182.0g酒石酸钾钠溶于500mL蒸馏水中，加热，于热溶液中依次加入3,5－二硝基水杨酸6.3g，氢氧化钠21.0g，结晶苯酚5.0g和亚硫酸钠5.0g，搅拌至全溶，冷却后用蒸馏水定容至1000mL，贮于棕色瓶中，室温保存，有效期6个月。

（4）1mg/mL D－半乳糖醛酸标准溶液　准确称取0.100g半乳糖醛酸，以水溶解后定容到100mL。

（5）0.2mol/L柠檬酸缓冲液（pH 4.4）　先配制以下两种溶液。

①0.2mol/L柠檬酸溶液：称取42.02g柠檬酸一水合物，加水溶解，稀释至1L。

②0.2mol/L柠檬酸钠溶液：称取58.82g柠檬酸钠二水合物，加水溶解，稀释至1L。

取0.2mol/L柠檬酸溶液114mL与0.2mol/L柠檬酸钠溶液86mL，混匀，即为pH 4.4的柠檬酸缓冲液。

（6）0.4%果胶溶液　准确称取果胶粉0.4g，加入80mL热的0.2mol/L柠檬酸缓冲液（pH 4.4）溶解，煮沸，冷却后定容至100mL，过滤。

（三）实验步骤

1. 酶液的制备

取茶鲜叶或在制品茶样4.0g于预冷的研钵中，加入预冷的1% NaCl溶液5mL、不溶性聚乙烯吡咯烷酮1.0g及适量石英砂，在低温下迅速研磨成匀浆，再加入1% NaCl溶液5mL浸泡匀浆，置4℃冰箱中提取12h，于4℃低温下4000r/min离心15min，上清液即为粗酶液，用1% NaCl溶液定容至一定体积，于4℃冰箱保存备用中。

2. 半乳糖醛酸标准曲线绘制

按照表2-4分别取不同体积的半乳糖醛酸标准溶液、蒸馏水于各具塞试管中，混匀，每管分别加入5.0mL DNS试剂，在沸水浴中加热5min，冷却后以蒸馏水定容至25mL。以0管溶液为参比，在540nm波长处测定吸光度值。以A_{540}值为横坐标、半乳糖醛酸量（mg）为纵坐标绘制标准曲线。

表2-4　标准曲线绘制的加样表

试管编号	0	1	2	3	4	5	6	7
半乳糖醛酸标准溶液量/mL	0	0.2	0.4	0.6	0.8	1.0	1.2	1.4
蒸馏水量/mL	4	3.8	3.6	3.4	3.2	3.0	2.8	2.6
DNS试剂量/mL	5	5	5	5	5	5	5	5

3. 酶活性的测定

取2mL酶液或经加热煮沸的失活酶液（空白对照），加入2mL预热的0.4%果胶溶液，置50℃恒温水浴中反应30min，立即取出，加5mL 1.0% DNS溶液，于沸水浴中加热5min，冷却后用蒸馏水定容至25mL。以0管溶液为参比，于波长540nm处测定吸光度值。根据吸光度值由标准曲线上查得相应D-半乳糖醛酸的量（N）。

（四）结果计算

酶活性以每克样品每分钟分解果胶产生1mg半乳糖醛酸的酶量定义为1个酶活力单位（U），按式（2-38）计算茶叶果胶酶的活性。

$$\text{酶活力(U/g)} = \frac{(N_1 - N_0) \times d}{m \times t} \qquad (2-38)$$

式中　N_1——由标准曲线查得的供试酶液产生的半乳糖醛酸的量，mg

N_0——由标准曲线查得的失活酶液产生的半乳糖醛酸的量，mg

d——供试酶液稀释倍数

m——样品鲜质量，g

t——反应时间，min

（五）注意事项

（1）DNS试剂的用量、果胶酶液的浓度、果胶溶液的用量以及果胶的纯度等都会影响酶活力测定结果的准确性，实验中要选择纯度较高的果胶，且在测定其果胶酶活性时，建议先做预备实验，以优化确定能保持果胶酶最大酶活力的酶液制备条件和果胶酶活性测定时的最适反应条件。

（2）配制1.0%3,5-二硝基水杨酸溶液（DNS试剂）时，要注意加药顺序及溶液温度，3,5-二硝基水杨酸和氢氧化钠的加入时间要接近，或者先加入氢氧化钠，待其溶解后再加入3,5-二硝基水杨酸，以避免产生难溶的沉淀；氢氧化钠溶于水会放热，故要缓慢加入且不停搅拌，或配成氢氧化钠溶液后再加入，整个DNS试剂配制过程中温度不要超过50℃，以免溶液颜色变黑。

（3）结果以重复性条件下获得的三次独立测定结果的算术平均值表示，结果保留小数点后 2 位。

实验二十七　茶叶中脂肪氧化酶活性的测定

脂肪氧化酶（LOX）以一类含非血红素铁的蛋白质，专一催化具有顺、顺 - 1,4 - 戊二烯结构的多元不饱和脂肪酸加氧反应，氧化生成具有共轭双键的氢过氧化物。脂肪氧化酶广泛存在于高等植物体内，与植物的生长发育、衰老、光合作用、脂质过氧化作用及抵抗有害生物和伤害的胁迫反应等有关。在茶叶加工过程中，尤其是在萎凋过程中，随着萎凋的进行，脂肪氧化酶的活性持续增强，从而影响茶叶品质的形成。

本实验的目的在于掌握脂肪氧化酶活性的测定方法，了解茶树的生长情况，了解不同茶树品种的抗逆性，及茶叶加工过程中脂肪氧化酶活性的变化情况，为优良茶树品种的筛选和通过调控茶叶加工过程中主要参与酶类活性的变化而改进茶叶品质提供依据。

（一）实验原理

脂肪氧化酶催化多元不饱和脂肪酸氧化形成具有共轭双键的氢过氧化物时要消耗氧气，在一定反应条件下、反应体系中溶解氧浓度的变化与酶活性大小成正比，测定溶液中氧浓度的变化可计算出酶活力。

（二）仪器与试剂

1. 材料

茶鲜叶或红茶、乌龙茶等加工过程各工序的在制品。

2. 主要仪器

分析天平、低温高速冷冻离心机、研钵、恒温水浴锅、分光光度仪、氧电极、记录仪、冰箱及常规玻璃器皿等。

3. 主要试剂及其配制

（1）本实验所用水均为蒸馏水，除特殊说明外，所用试剂均为分析纯。

（2）0.25% 亚油酸。

（3）0.5mol/L 氯化钾溶液。

（4）0.025mol/L Tris - 盐酸缓冲液（pH7.5）　先配制以下两种溶液：

①0.1mol/L 三羟甲基氨基甲烷（Tris）溶液：配制方法同实验二十五。

②0.1mol/L 盐酸溶液：配制方法同实验二十五。

取 0.1mol/L 三羟甲基氨基甲烷溶液 50mL 与 0.1mol/L 盐酸溶液 40.3mL 混合，加水稀释至 400mL，混匀，即为 pH 7.5 的 Tris - 盐酸缓冲液。

（三）实验步骤

1. 脂肪氧化酶的提取

称取茶鲜叶或在制品茶样 1.0g 于预冷的研钵中，加入不溶性聚乙烯吡咯烷酮 1.0g 及适量石英砂、预冷的 0.025mol/L Tris - 盐酸缓冲液 5mL，于冰浴中研磨成匀浆；将匀浆用 Tris - 盐酸缓冲液全部移入离心管中，于 4℃、10000r/min 离心 15min，上清液即为粗酶液。用 Tris - 盐酸缓冲液将粗酶液定容至一定体积，置 4℃ 冰箱中保存。

2. 酶活性测定

氧电极的操作方法见仪器的操作手册。开启恒温水浴，调节测定温度为 25℃。洗净氧电极反应杯，先加入 2.5mL Tris - 盐酸缓冲液、1mL 酶提取液，放松磁力搅拌制动器，保温平衡 5～10min，制动磁块，把电极插入反应杯中，从狭槽中排出全部空气，用 1mL 注射器加长针头从狭槽中注入 0.25% 亚油酸 0.2mL，打开记录仪记录耗氧曲线，测定 5min，吸取废液，清洗反应杯进行下一个样品的测定。

（四）结果计算

（1）本实验以空气饱和水中的含氧量为标准对电极进行标定，求算出测定温度下，记录纸每个小格所代表氧量的变化值。

（2）从样品测定曲线上选定耗氧的下降各数（n），根据走纸速度（v）和下降 n 格走纸的距离（L），按式（2 - 39）求算出测定液中耗氧的变化速率（R）：

$$R(\mu mol\ O_2/min) = n \times (\mu mol\ O_2/\text{格}) \times (v/L) \tag{2-39}$$

（3）根据样品提取液体积和质量，即可求出脂肪氧化酶的活力：

$$\text{酶活力}[\mu mol\ O_2/(g \cdot min)] = \frac{R \times \frac{V_1}{V_2}}{m} \tag{2-40}$$

式中 R——测定液中耗氧的变化速率

V_1——酶液总体积，mL

V_2——测定用酶液体积，mL

m——样品鲜质量，g

（五）注意事项

（1）在提取脂肪氧化酶时，必须要加入不溶性聚乙烯吡咯烷酮来吸附多酚类物质，以避免酶变性。

（2）用记录仪记录耗氧曲线时，走纸速度的大小视酶活力确定，曲线呈 45°角为宜，故走纸速度要通过预试验来确定。

（3）结果以重复性条件下获得的三次独立测定结果的算术平均值表示，结果保留小数点后 2 位。

第三节 茶叶中有毒有害物质的测定

实验二十八 茶叶中铅含量的测定

铅是一种对人体有毒的重金属，在人体内积累达到一定程度时可引起中毒。GB 2762—2017《食品安全国家标准 食品中污染物限量》对茶叶中铅的限量规定为≤5mg/kg。由于环境污染及茶叶加工机械中含有的铅在茶叶加工过程中可能转移到茶叶上，导致茶叶中铅含量的增加。因此，测定茶叶铅的含量，可以改进茶叶加工工艺，提高茶叶安全质量。

本实验采用石墨炉原子吸收光谱法和二硫腙比色法测定茶叶中铅的含量。

（一）方法一：石墨炉原子吸收光谱法

1. 实验原理

茶样经灰化或酸消解后，注入原子吸收分光光度计石墨炉中，电热原子化后吸收283.3nm共振线，在一定浓度范围，其吸收值与铅含量成正比，与标准系列比较定量。

2. 仪器与试剂

（1）主要仪器　原子吸收光谱仪（配石墨炉原子化器，附铅空心阴极灯）、分析天平、马弗炉、压力消解罐或微波消解系统（配聚四氟乙烯消解内罐）、恒温干燥箱、可调式电热板、可调式电炉、瓷坩埚、干燥器等。

（2）主要试剂及其配制

①除另有说明外，本实验用水为GB/T 6682—2008《分析实验室用水规格和试验方法》规定的二级水，所用试剂均为优级纯。

②（5+95）硝酸溶液：取50mL硝酸慢慢加入950mL水中，混匀。

③（1+9）硝酸溶液：取50mL硝酸慢慢加入450mL水中，混匀。

④磷酸二氢铵-硝酸钯溶液：称取0.02g硝酸钯，用少量（1+9）硝酸溶液溶解后，再加入2g磷酸二氢铵，溶解后用（5+95）硝酸溶液定容至100mL，混匀。

⑤硝酸铅标准品［$Pb(NO_3)_2$，CAS号：10099-74-8］：纯度>99.99%；或经国家认证并授予标准物质证书的一定浓度的铅标准溶液。

⑥1.0mg/mL铅标准储备液：准确称取1.5985g硝酸铅，用少量（1+9）硝酸溶液溶解，移入1000mL容量瓶，缓慢加水稀释，以水定容，混匀。

⑦1.0μg/mL铅标准中间液：准确吸取1.0mg/mL铅标准储备液1.0mL于1000mL容量瓶中，以（5+95）硝酸溶液稀释，定容，混匀。

⑧系列铅标准工作溶液：分别准确吸取1.0μg/mL铅标准中间液0mL、0.5mL、1.0mL、2.0mL、3.0mL和4.0mL于100mL容量瓶中，以（5+95）硝酸溶液稀释，定容，混匀。此系列铅标准工作溶液浓度分别为0ng/mL、5.0ng/mL、10.0ng/mL、20.0ng/mL、30.0ng/mL、40.0ng/mL。

3. 实验步骤

（1）供试样预处理　干茶样去杂物后，磨碎，过20目筛，储于洁净塑料瓶中，密封保存备用。茶鲜叶、杀青叶、揉捻叶等水分含量高的样品，匀浆后储于洁净塑料瓶中，密封，于4℃冰箱冷藏备用。

（2）试样消解（可选用以下任何一种消解方法）

①压力罐消解：称取1.000~2.000g试样（根据铅含量而定）于聚四氟乙烯消解内罐中，加入5mL硝酸，盖好内盖，旋紧不锈钢外套，放入恒温干燥箱，于140~160℃条件下保持4~5h。冷却后缓慢旋松外罐，取出消解内罐，放在可调式电热板上于140~160℃赶酸至1mL左右。冷却后将消化液转移至10mL容量瓶中，用少量水洗涤内罐和内盖2~3次，合并洗涤液于容量瓶中，以水定容至刻度，混匀备用。同时做试剂空白试验。

②微波消解：称取0.200～1.000g固体试样（根据铅含量而定）或准确移取液体试样0.50～3.00mL于微波消解罐中，加入5mL硝酸，按照微波消解的操作步骤消解试样（微波消解升温条件：5min升温至120℃，保持5min；5min升温至160℃，保持10min；5min升温至180℃，保持10min）。消解完成后冷却，取出消解罐，在电热板上于140～160℃赶酸至1mL左右。消解罐放冷后，将消化液转移至10mL容量瓶中，用少量水洗涤消解罐2～3次，合并洗涤液于容量瓶中，以水定容至刻度，混匀备用。同时做试剂空白试验。

③湿法消解：称取固体试样0.200～5.000g（根据铅含量而定）或准确移取液体试样0.500～5.00mL于带刻度消化管中，加入10mL硝酸和0.5mL高氯酸，在可调式电热炉上消解（参考条件：120℃/0.5～1h；升至180℃/2～4h；升至200～220℃）。若消化液呈棕褐色，再加少量硝酸，消解至冒白烟，消化液呈无色透明或略带黄色，取出消化管，冷却，以水定容至10mL，混匀备用。同时做试剂空白试验。亦可采用锥形瓶，于可调式电热板上，按上述操作方法进行湿法消解。

（3）测定

①仪器条件：根据各自仪器性能调至最佳状态。仪器参考条件如下：

波长：283.3nm；

狭缝：0.5nm；

灯电流：8～12mA；

干燥温度：85～120℃，40～50s；

灰化温度：750℃，持续20～30s；

原子化温度：2300℃，持续4～5s。

②标准曲线绘制：按质量浓度由低到高的顺序分别将10μL系列铅标准工作溶液和5μL磷酸二氢铵－硝酸钯溶液（可根据所使用的仪器确定最佳进样量）同时注入石墨炉，原子化后测其吸光度值，以质量浓度为横坐标、吸光度值为纵坐标，制作标准曲线。

③试样测定：分别吸取供试液和试剂空白液各10μL，注入石墨炉，测其吸光度值，由一元线性回归方程求得样液中铅含量。

在与测定标准溶液相同的实验条件下，将10μL空白溶液或试样溶液与5μL磷酸二氢铵－硝酸钯溶液（可根据所使用的仪器确定最佳进样量）同时注入石墨炉，原子化后测其吸光度值，与标准系列比较定量。

4. 结果计算

试样中铅含量按式（2－41）计算：

$$\text{铅含量}(\mu g/g) = \frac{(C_1 - C_0) \times V}{m \times \omega \times 1000} \tag{2-41}$$

式中 C_1——供试液中铅的含量，ng/mL

C_0——空白液中铅的含量，ng/mL

V——试样消化液的定容体积，mL

ω——样品干物质含量，%

m——样品质量，g

5. 注意事项

（1）在重复条件下同一样品获得的两次独立测定结果的绝对差值不得超过算术平均值的 20%。如果符合该重复性要求，则结果以重复性条件下获得的三次独立测定结果的算术平均值表示，结果保留 2 位有效数字。

（2）在采样和制备过程中，应注意不使试样污染。

（3）本法也可测定茶饮料中铅的含量，可将计算式中的称样量换成样品体积即可。

（4）实验所用所有玻璃器皿均需要用硝酸溶液（1 +5）浸泡过夜，然后用自来水反复冲洗，最后用蒸馏水冲洗干净。

（二）方法二：二硫腙比色法

1. 实验原理

试样经消化后，在 pH8. 5 ~9. 0 时，铅离子与二硫腙生成红色络合物，溶于三氯甲烷，于 510nm 波长处测定吸光度，与标准系列比较定量。试样中加入柠檬酸铵、氰化钾和盐酸羟胺等，防止铁、铜、锌等离子干扰。

2. 仪器与试剂

（1）主要仪器　分析天平、分光光度计、可调式电热板、常规玻璃器皿等。

（2）主要试剂及其配制

①除另有说明外，本方法所用试剂均为分析纯，水为 GB/T 6682—2008 规定的三级水。

②硝酸、高氯酸、盐酸、氨水、乙醇均为优级纯。

③三氯甲烷：不应含氧化物。

检查方法：取 10mL 三氯甲烷，加 25mL 新煮沸过的水，振摇 3min，静置分层后，取 10mL 水溶液，加数滴碘化钾溶液（150g/L）及淀粉指示液，振摇后应不显蓝色。

处理方法：于三氯甲烷中加入 1/10 ~1/20 体积的 200g/L 硫代硫酸钠溶液洗涤，再用水洗，然后加入少量无水氯化钙脱水后进行蒸馏，弃去最初及最后的十分之一馏出液，收集中间馏出液备用。

淀粉指示液：称取 0. 5g 可溶性淀粉，加 5mL 水搅匀后，慢慢倒入 100mL 沸水中，边倒边搅拌，煮沸，放冷备用，临用时配制。

④（5 +95）硝酸溶液：取 50mL 硝酸，慢慢加入 950mL 水中，混匀。

⑤（1 +9）硝酸溶液：取 50mL 硝酸，慢慢加入 450mL 水中，混匀。

⑥（1 +1）氨水溶液：取 100mL 氨水，加入 100mL 水中，混匀。

⑦（1 +99）氨水溶液：取 10mL 氨水，加入 990mL 水中，混匀。

⑧（1 +1）盐酸溶液：取 100mL 盐酸，缓慢加入 100mL 水中，混匀。

⑨1g/L 酚红指示液：称取 0. 10g 酚红，用少量乙醇多次溶解后移入 100mL 容量瓶中，定容至刻度。

⑩0. 5g/L 二硫腙 - 三氯甲烷溶液：称取 0. 5g 二硫腙，用三氯甲烷溶解，并定容至 1000mL，混匀，保存于 0 ~4℃冰箱中，必要时用下述方法纯化。

称取 0. 5g 研细的二硫腙，溶于 50mL 三氯甲烷中，如不全溶，可用滤纸过滤于 250mL 分液漏斗中，用氨水（1 +99）提取三次，每次 100mL，将提取液用棉花过滤至

500mL 分液漏斗中，用盐酸（1+1）调至酸性，将沉淀出的二硫腙用三氯甲烷提取2~3次，每次20mL，合并三氯甲烷层，用等量水洗涤两次，弃去洗涤液，在50℃水浴上蒸去三氯甲烷。精制的二硫腙置硫酸干燥器中，干燥备用。或将沉淀出的二硫腙用200mL、200mL、100mL 三氯甲烷提取三次，合并三氯甲烷层为二硫腙-三氯甲烷溶液。

⑪二硫腙使用液：吸取1.0mL 二硫腙-三氯甲烷溶液，加三氯甲烷至10mL，混匀。用1cm 比色杯，以三氯甲烷调节零点，于波长510nm 处测吸光度值（A），用下式算出配制100mL 二硫腙使用液（70% 透光率）所需0.5g/L 二硫腙-三氯甲烷溶液的毫升数（V）。量取计算所得体积的二硫腙-三氯甲烷溶液，用三氯甲烷稀释至100mL。

$$V=\frac{10\times(2-\lg 70)}{A}=\frac{1.55}{A}$$

⑫200g/L 盐酸羟胺溶液：称取20.0g 盐酸羟胺，加水溶解至50mL，加2滴酚红指示液，加氨水（1+1），调pH 至8.5~9.0（由黄变红，再多加2滴），用0.5g/L 二硫腙-三氯甲烷溶液提取至三氯甲烷层绿色不变为止，再用三氯甲烷洗二次，弃去三氯甲烷层，水层加盐酸（1+1）至呈酸性，加水至100mL。

⑬200g/L 柠檬酸铵溶液：称取50g 柠檬酸铵，溶于100mL 水中，加2滴1g/L 酚红指示液，以氨水溶液（1+1）调pH 至8.5~9.0，用0.5g/L 二硫腙-三氯甲烷溶液提取数次，每次10~20mL，至三氯甲烷层绿色不变为止，弃去三氯甲烷层，再用三氯甲烷洗二次，每次5mL，弃去三氯甲烷层，加水稀释至250mL，混匀。

⑭100g/L 氰化钾溶液：称取10.0g 氰化钾，用水溶解后稀释至100mL，混匀。

⑮硝酸铅标准品［$Pb(NO_3)_2$，CAS 号：10099-74-8］：纯度>99.99%；或经国家认证并授予标准物质证书的一定浓度的铅标准溶液。

⑯1.0mg/mL 铅标准储备液：准确称取1.5985g 硝酸铅，用少量硝酸溶液（1+9）溶解，移入1000mL 容量瓶，缓慢加水稀释，以水定容，混匀。

⑰10.0μg/mL 铅标准使用液：准确吸取1.0mg/mL 铅标准储备液1.0mL 于100mL 容量瓶中，以（5+95）硝酸溶液稀释，定容至刻度，混匀。

3. 实验步骤

（1）供试样预处理　干茶样去杂物后，磨碎，过20目筛，储于洁净塑料瓶中，密封保存备用。茶鲜叶、杀青叶、揉捻叶等水分含量高的样品，匀浆后储于洁净塑料瓶中，密封，于4℃冰箱冷藏备用。

（2）试样消解　称取固体试样0.200~5.000g（根据铅含量而定）或准确移取液体试样0.500~5.00mL 于带刻度消化管中，加入10mL 硝酸和0.5mL 高氯酸，在可调式电热炉上消解（参考条件：120℃/0.5~1h；升至180℃/2~4h；升至200~220℃）。若消化液呈棕褐色，再加少量硝酸，消解至冒白烟，消化液呈无色透明或略带黄色，取出消化管，冷却，以水定容至10mL，混匀备用。同时做试剂空白试验。也可采用锥形瓶，于可调式电热板上，按上述操作方法进行湿法消解。

（3）标准曲线绘制　分别吸取0mL、0.10mL、0.20mL、0.30mL、0.40mL 和0.50mL 铅标准使用液（相当于0.0μg、1.0μg、2.0μg、3.0μg、4.0μg 和5.0μg 铅），置于125mL 分液漏斗中，各加（5+95）硝酸溶液至20mL，混匀。向系列溶液中分别

加入 200g/L 柠檬酸铵溶液 2.0mL，200g/L 盐酸羟胺溶液 1.0mL 和酚红指示液 2 滴，用（1+1）氨水调溶液呈红色，再分别加 100g/L 氰化钾溶液 2.0mL，混匀；各加 5.0mL 二硫腙使用液，剧烈振摇 1min，静置分层后，三氯甲烷层经脱脂棉过滤。用 10mm 比色皿，以三氯甲烷为参比，于 510nm 波长处测定各滤液的吸光度值，以铅的质量为横坐标、吸光度值为纵坐标，绘制标准曲线，并计算一元回归方程。

（4）供试液测定　分别将供试液和空白溶液置于 125mL 分液漏斗中，各加（5+95）硝酸溶液至 20mL，混匀；按照标准曲线操作，分别向试样消化液和试剂空白液中加入柠檬酸铵溶液、盐酸羟胺溶液和酚红指示液，用氨水调至红色后，再分别加氰化钾溶液、二硫腙使用液，剧烈振摇，静置分层后，过滤，测定滤液吸光度值，将供试液与标准曲线比较。

4. 结果计算

试样中铅含量按式（2-42）进行计算：

$$铅含量(\mu g/g) = \frac{m_1 - m_2}{m_3 \times \omega} \tag{2-42}$$

式中　m_1——供试液中铅的质量，μg

m_2——空白液中铅的质量，μg

ω——样品干物质含量，%

m_3——样品质量，g

5. 注意事项

（1）在重复条件下同一样品获得的两次独立测定结果的绝对差值不得超过算术平均值的 10%。如果符合该重复性要求，则结果以重复性条件下获得的三次独立测定结果的算术平均值表示，结果保留 2 位有效数字。

（2）样品消化越完全，测定效果越好。

（3）氰化钾、盐酸羟胺均为有毒试剂，必须严格遵守操作和使用规定。

（4）实验所用所有玻璃器皿均需要用（1+5）硝酸溶液浸泡过夜，然后用自来水反复冲洗，最后用去离子水冲洗干净。

实验二十九　茶叶中铜含量的测定

铜是人体必需的微量元素之一，但铜作为一种重金属，摄入过量会导致中毒。测定茶叶中铜的含量，有利于监测茶树在栽培、茶叶在加工过程中可能受到的铜的污染。

本实验采用石墨炉原子吸收光谱法测定茶叶中铜的含量。

（一）实验原理

茶样经消解处理后，经石墨炉原子化，在 324.8nm 波长处测定铜的吸光度值。在一定浓度范围内，铜的吸光度值与铜含量成正比，与标准系列比较定量。

（二）度仪器与试剂

1. 主要仪器

原子吸收光谱仪（配石墨炉原子化器，附铅空心阴极灯）、分析天平、马弗炉、可调式电热板、可调式电炉、压力消解罐或微波消解系统（配聚四氟乙烯消解内罐）、恒温干燥箱、可调式电热板、可调式电炉等。

2. 主要试剂及其配制

（1）除另有说明外，本方法所用试剂均为优级纯，水为 GB/T 6682—2016《分析实验室用水规格和试验方法》规定的二级水。

（2）(5 +95) 硝酸　取 50mL 浓硝酸慢慢加入 950mL 水中，混匀。

（3）(1 +1) 硝酸　取 250mL 浓硝酸慢慢加入 250mL 水中，混匀。

（4）磷酸二氢铵 - 硝酸钯溶液　称取 0.02g 硝酸钯，加少量（1 +1）硝酸溶液溶解后，再加入 2.00g 磷酸二氢铵，溶解后用（5 +95）硝酸溶液定容至 100mL，混匀。

（5）五水硫酸铜标准品（$CuSO_4 \cdot 5H_2O$，CAS 号：7758 -99 -8）　纯度 >99.99%；或经国家认证并授予标准物质证书的一定浓度的铜标准溶液。

（6）1.0mg/mL 铜标准储备液　准确称取 3.9289g 五水硫酸铜，用少量（1 +1）硝酸溶液溶解，移入 1000mL 容量瓶，缓慢加水稀释，以水定容，混匀。

（7）1.0μg/mL 铜标准中间液　准确吸取 1.0mg/mL 铜标准储备液 1.0mL 于 1000mL 容量瓶中，以（5 +95）硝酸溶液稀释，定容至刻度，混匀。

（8）系列铜标准工作溶液　分别准确吸取 1.0μg/mL 铜标准中间液 0mL、0.5mL、1.0mL、2.0mL、3.0mL 和 4.0mL 于 100mL 容量瓶中，以（5 +95）硝酸溶液稀释，定容至刻度，混匀。此系列铜标准工作溶液浓度分别为 0ng/mL、5.0ng/mL、10.0ng/mL、20.0ng/mL、30.0ng/mL、40.0ng/mL。

（三）实验步骤

1. 供试样预处理

干茶样去杂物后，磨碎，过 20 目筛，储于洁净塑料瓶中，密封保存备用。茶鲜叶、杀青叶、揉捻叶等水分含量高的样品，匀浆后储于洁净塑料瓶中，密封，于 4℃ 冰箱冷藏备用。

2. 试样消解（可选用以下任何一种消解方法）

（1）湿法消解　称取固体试样 0.200 ~5.000g（根据铅含量而定）或准确移取液体试样 0.500 ~5.00mL 于带刻度消化管中，加入 10mL 硝酸和 0.5mL 高氯酸，在可调式电热炉上消解（参考条件：120℃/0.5 ~1h；升至 180℃/2 ~4h；升至 200 ~220℃）。若消化液呈棕褐色，再加少量硝酸，消解至冒白烟，消化液呈无色透明或略带黄色，取出消化管，冷却，以水定容至 10mL，混匀备用。同时做试剂空白试验。也可采用锥形瓶，于可调式电热板上，按上述操作方法进行湿法消解。

（2）干法灰化　称取固体试样 0.500 ~5.000g 或准确移取液体试样 0.500 ~10.0mL 于坩埚中，小火加热，炭化至无烟，转移至马弗炉中，于 550℃ 灰化 3 ~4h。冷却，取出，对于灰化不彻底的试样，加数滴硝酸，小火加热，小心蒸干，再转入 550℃ 马弗炉中，继续灰化 1 ~2h，至试样呈白灰状，冷却，取出，用适量硝酸溶液（1 +1）溶解并用水定容至 10mL。同时做试剂空白试验。

（3）压力罐消解　称取 1.000 ~2.000g 固体试样（根据铅含量而定）或准确移取液体试样 0.500 ~5.00mL 于聚四氟乙烯消解内罐中，加入 5mL 硝酸，盖好内盖，旋紧不锈钢外套，放入恒温干燥箱，于140～160℃保持4～5h。冷却后缓慢旋松外罐，取出消解内罐，放在可调式电热板上于140～160℃赶酸至1mL左右。冷却后将消化液转移至10mL容量瓶中，用少量水洗涤内罐和内盖2～3次，合并洗涤液于容量瓶中，以水定容至刻度，混匀备用。同时做试剂空白试验。

（4）微波消解　称取0.200～1.000g固体试样（根据铅含量而定）或准确移取液体试样0.50～3.00mL于微波消解罐中，加入5mL硝酸，按照微波消解的操作步骤消解试样（微波消解升温条件：5min升温至120℃，保持5min；5min升温至160℃，保持10min；5min升温至180℃，保持10min）。消解完成后冷却取出消解罐，在电热板上于140～160℃赶酸至1mL左右。消解罐放冷后，将消化液转移至10mL容量瓶中，用少量水洗涤消解罐2～3次，合并洗涤液于容量瓶中并用水定容至刻度，混匀备用。同时做试剂空白试验。

3. 测定

（1）仪器参考条件　根据各自仪器性能调至最佳状态。仪器参考条件为波长：324.8nm；狭缝：0.5nm；灯电流：8～12mA；干燥温度：85～120℃，40～50s；灰化温度：800℃，持续20～30s；原子化温度：2350℃，持续4～5s。

（2）标准曲线的制作　按质量浓度由低到高的顺序分别将10μL铜标准系列溶液和5μL磷酸二氢铵－硝酸钯溶液（可根据所使用的仪器确定最佳进样量）同时注入石墨炉，原子化后测其吸光度值，以质量浓度为横坐标、吸光度值为纵坐标，制作标准曲线。

（3）试样溶液的测定　与测定标准溶液相同的实验条件下，将10μL空白溶液或试样溶液与5μL磷酸二氢铵－硝酸钯溶液（可根据所使用的仪器确定最佳进样量）同时注入石墨炉，注入石墨管，原子化后测其吸光度值，与标准系列比较定量。

（四）结果计算

试样中铜含量按式（2－43）进行计算：

$$\text{铜含量}(\mu g/g) = \frac{(C_1 - C_2) \times V}{m \times \omega} \qquad (2-43)$$

式中　C_1——供试液中铜的质量浓度，ng/mL

C_2——空白溶液中铜的质量浓度，ng/mL

V——试样消化液的定容体积，mL

ω——样品干物质含量，%

m——样品质量，g

（五）注意事项

（1）在重复条件下同一样品获得的两次独立测定结果的绝对差值不得超过算术平均值的20%。如果符合该重复性要求，则结果以重复性条件下获得的三次独立测定结果的算术平均值表示。当铜含量≥1.00μg/g（或μg/mL）时，计算结果保留3位有效数字；当铜含量＜1.00μg/g（或μg/mL）时，计算结果保留2位有效数字。

（2）样品消化越完全，测定效果越好；在采样和试样制备过程中，应避免试样污染。

（3）氰化钾、盐酸羟胺均为有毒试剂，必须严格遵守操作和使用规定。

（4）实验所用所有玻璃器皿及聚四氟乙烯消解内罐均需要用（1+5）硝酸溶液浸泡过夜，然后用自来水反复冲洗，最后用去离子水冲洗干净。

实验三十　茶叶中砷含量的测定

砷及其化合物有毒，长期或过量摄入砷会对人体健康造成严重威胁。砷元素及其化合物广泛存在于环境中，从茶树种植到茶叶加工的各个过程，茶叶都有可能被砷污染，其中土壤是茶叶中砷的主要来源。测定茶叶中砷的含量，有利于茶叶质量安全生产，指导人们健康饮茶。

本实验采用电感耦合等离子体质谱法测定茶叶中砷的含量。

（一）实验原理

样品经酸消解处理为样品溶液，样品溶液经雾化由载气送入电感耦合等离子体炬管中，经过蒸发、解离、原子化和离子化等过程，转化为带电荷的离子，经离子采集系统进入质谱仪，质谱仪根据质荷比进行分离。对于一定的质荷比，质谱的信号强度与进入质谱仪的离子数成正比，即样品浓度与信号强度成正比。通过测量质谱的信号强度对试样溶液中的砷元素进行测定。

（二）仪器与试剂

1. 主要仪器

电感耦合等离子体质谱仪（ICP－MS）、分析天平、微波消解系统或压力消解器、恒温干燥箱、可调式电热板、常规玻璃器皿等。

2. 主要试剂及其配制

（1）本实验所用水均为超纯水，除特殊说明外，所用试剂均为分析纯。

（2）三氧化二砷（As_2O_3）标准品（纯度≥99.5%）。

（3）硝酸（HNO_3）　MOS级（电子工业专用高纯化学品）、BV（Ⅲ）级。

（4）质谱调谐液　Li、Y、Ce、Ti、Co，推荐使用浓度为10ng/mL。

（5）内标储备液　Ge，浓度为100μg/mL。

（6）1.0μg/mL内标溶液Ge或Y　取1.0mL内标溶液，用硝酸溶液（2+98）稀释并定容至100mL。

（7）（2+98）硝酸溶液　取20mL硝酸，缓缓倒入980mL水中，混匀。

（8）100g/L氢氧化钠溶液　称取10.0g氢氧化钠，用水溶解后定容至100mL。

（9）100mg/L砷标准储备液（按As计）　准确称取于100℃干燥2h的三氧化二砷13.2mg，加100g/L氢氧化钠溶液1mL和少量水溶解，转入100mL容量瓶中，加入适量盐酸调整其酸度近中性，用水稀释至刻度。4℃避光保存，保存期一年。或购买经国家认证并授予标准物质证书的标准溶液物质。

（10）1.0mg/L砷标准使用液（按As计）　准确吸取100mg/L砷标准储备液1.00mL于100mL容量瓶中，用硝酸溶液（2+98）稀释，定容至刻度。现用现配。

（11）砷标准工作溶液　分别吸取1.00mg/L砷标准使用液0mL、0.1mL、0.5mL、

1.0mL、5.0mL、10.0mL 于 100mL 容量瓶中，用硝酸溶液（2+98）稀释，定容至刻度，配制砷浓度分别为 0.00ng/mL、1.0ng/mL、5.0ng/mL、10ng/mL、50ng/mL 和 100ng/mL 的标准系列溶液。

（三）实验步骤

1. 供试样预处理

干茶样去杂物后，磨碎，过 20 目筛，储于洁净塑料瓶中，密封保存备用。鲜叶、杀青叶、揉捻叶等水分含量高的样品，匀浆后储于洁净塑料瓶中，密封，于 4℃ 冰箱冷藏备用。

2. 试样的消解

（1）微波消解法（任取一种方法消解） 取茶样 0.200~0.500g 于消解罐中，加入 5mL 硝酸，放置 30min，盖好安全阀，将消解罐放入微波消解系统中，按照下面的微波消解程序进行消解，消解完全后赶酸，将消化液转移至 25mL 容量瓶或比色管中，用少量水洗涤内罐 3 次，合并洗涤液，定容至刻度，混匀。同时作空白试验。

微波消解步骤：

①微波功率 1200W，5min 内升温至 120℃，保持 6min；

②微波功率 1200W，5min 内升温至 160℃，保持 6min；

③微波功率 1200W，5min 内升温至 190℃，保持 20min。

（2）高压密闭消解法 称取磨碎固体茶样 0.200~1.000g 或湿样 1.000~5.000g 于消解内罐中，加入 5mL 硝酸浸泡过夜。盖好内盖，旋紧不锈钢外套，放入恒温干燥箱，140~160℃ 保持 3~4h，自然冷却至室温，然后缓慢旋松不锈钢外套，将消解内罐取出，用少量水冲洗内盖，放在控温电热板上于 120℃ 赶去棕色气体。取出消解内罐，将消化液转移至 25mL 容量瓶或比色管中，用少量水洗涤内罐 3 次，合并洗涤液，定容至刻度，混匀。同时作空白试验。

3. 测定

（1）仪器参考条件 射频功率 1550W；载气流速 1.14L/min；采样深度 7mm；雾化室温度 2℃；Ni 采样锥，Ni 截取锥。

质谱干扰主要来源于同量异位素、多原子、双电荷离子等，可采用最优化仪器条件、干扰校正方程校正或采用碰撞池、动态反应池技术方法消除干扰。

砷的干扰校正方程为：$^{75}As = ^{75}As - ^{77}M\ (3.127) + ^{82}M\ (2.733) - ^{83}M\ (2.757)$；采用内标校正、稀释样品等方法校正非质谱干扰。砷的 m/z 为 75，选 ^{72}Ge 为内标元素。

推荐使用碰撞/反应池技术，在没有碰撞/反应池技术的情况下使用干扰方程消除干扰的影响。

（2）标准曲线的制作 当仪器真空度达到要求时，用调谐液调整仪器灵敏度、氧化物、双电荷、分辨率等各项指标，当仪器各项指标达到测定要求，编辑测定方法、选择相关消除干扰方法，引入内标，观测内标灵敏度、脉冲与模拟模式的线性拟合，符合要求后，将系列砷标准工作溶液引入仪器。进行相关数据处理，绘制标准曲线、计算回归方程。

（3）供试液测定 在相同条件下，将试剂空白、样品溶液分别引入仪器进行测定。

根据回归方程计算出样品中砷元素的浓度。

（四）结果计算

试样中砷含量按式（2-44）进行计算：

$$砷含量(\mu g/g)=\frac{(C-C_0)\times V}{m\times \omega\times 1000} \qquad (2-44)$$

式中 C——供试液中砷的浓度，ng/mL

C_0——试剂空白液中砷的浓度，ng/mL

ω——样品干物质含量，%

m——样品质量，g

V——试样消化液总体积，mL

（五）注意事项

（1）在重复条件下同一样品获得的两次独立测定结果的绝对差值不得超过算术平均值的20%。如果符合该重复性要求，则结果以重复性条件下获得的三次独立测定结果的算术平均值表示，结果保留2位有效数字。

（2）在采样和制备过程中，应注意不使试样污染。样品消化越完全，测定效果越好。

（3）实验所用所有玻璃器皿均需要用硝酸溶液（1+4）浸泡24h，然后用自来水反复冲洗，最后用去离子水冲洗干净。

实验三十一　茶叶中亚硝酸盐与硝酸盐含量的测定

硝酸盐和亚硝酸盐是一类重要的含氮化合物，作为环境污染物广泛存在于自然界中。亚硝酸盐对人体健康有害，大量亚硝酸盐可使人直接中毒，硝酸盐在人体内可被还原为亚硝酸盐，因此测定茶叶中亚硝酸盐、硝酸盐的残留具有重要意义。

本实验采用离子色谱法和分光光度法测定茶叶中亚硝酸盐与硝酸盐的含量。

（一）方法一：离子色谱法

1. 实验原理

试样经沉淀蛋白质、除去脂肪后，采用相应的方法提取和净化，以氢氧化钾溶液为淋洗液，阴离子交换柱分离，电导检测器或紫外检测器检测。以保留时间定性，外标法定量。

2. 仪器与试剂

（1）主要仪器　分析天平、离子色谱仪（配电导检测器及抑制器或紫外检测器，高容量阴离子交换柱）、食物粉碎机、超声波清洗器、净化柱（包括 C_{18} 柱、Ag 柱和 Na 柱或等效柱）、离心机、0.22μm 水性滤膜针头滤器、注射器等。

（2）主要试剂及其配制

①本实验所用水均为蒸馏水，除特殊说明外，所用试剂均为分析纯。

②亚硝酸钠（$NaNO_2$，CAS 号：7632-00-0）：基准试剂，或采用具有标准物质证书的亚硝酸盐标准溶液。

③硝酸钠（$NaNO_3$，CAS号：7631－99－4）：基准试剂，或采用具有标准物质证书的硝酸盐标准溶液。

④3%乙酸溶液：取乙酸3mL，以水稀释，定容于100mL容量瓶中，混匀。

⑤1mol/L氢氧化钾溶液：准确称取6.000g氢氧化钾，以新煮沸过的冷蒸馏水溶解、稀释、定容至100mL，混匀。

⑥100mg/L亚硝酸盐标准储备液（以NO_2^-计，下同）：准确称取0.1500g于110～120℃干燥至恒重的亚硝酸钠，用水溶解后转移至1000mL容量瓶中，加水稀释至刻度，混匀。

⑦1000mg/L硝酸盐标准储备液（以NO_3^-计，下同）：准确称取1.3710g于110～120℃干燥至质量恒定的硝酸钠，用水溶解并转移至1000mL容量瓶中，加水稀释至刻度，混匀。

⑧亚硝酸盐和硝酸盐混合标准中间液：准确移取亚硝酸根离子（NO_2^-）和硝酸根离子（NO_3^-）的标准储备液各1.0mL于100mL容量瓶中，用水稀释至刻度，此溶液中亚硝酸根离子和硝酸根离子浓度分别为1.0mg/L和10.0mg/L。

⑨亚硝酸盐和硝酸盐混合标准工作溶液：移取亚硝酸盐和硝酸盐混合标准中间液，加水逐级稀释，配制系列混合标准工作溶液，亚硝酸根离子浓度分别为0.02μg/mL、0.04μg/mL、0.06μg/mL、0.08μg/mL、0.10μg/mL、0.15μg/mL、0.20μg/mL；硝酸根离子浓度分别为0.2μg/mL、0.4μg/mL、0.6μg/mL、0.8μg/mL、1.0μg/mL、1.5μg/mL、2.0μg/mL。

3. 实验步骤

（1）供试样预处理　干茶样去杂物后，磨碎，过20目筛，混匀，备用。鲜叶、杀青叶、揉捻叶等水分含量高的样品，匀浆后备用。如需加水应记录加水量。

（2）供试样提取　称取固体试样或匀浆5.000～10.000g（根据亚硝酸盐和硝酸盐含量可适当调整试样的取样量），置于150mL具塞锥形瓶中，加入80mL水，1mL 1mol/L氢氧化钾溶液，超声提取30min，每隔5min振摇1次，保持固相完全分散。于75℃水浴中放置5min，取出放置至室温，定量转移至100mL容量瓶中，加水稀释至刻度，混匀。溶液经滤纸过滤后，再取部分溶液于10000r/min离心15min，上清液备用。同时做试剂空白试验。

（3）供试液净化处理　取上述备用溶液和空白溶液约15mL，通过0.22μm水性滤膜针头滤器、C_{18}柱，弃去前面3mL（如果氯离子大于100mg/L，则需要依次通过针头滤器、C_{18}柱、Ag柱和Na柱，弃去前面7mL），收集后面洗脱液待测。

净化柱使用前需进行活化，其活化过程：C_{18}柱（1.0mL）使用前依次用10mL甲醇，15mL水通过，静置活化30min。Ag柱（1.0mL）和Na柱（1.0mL）用10mL水通过，静置活化30min。

（4）仪器参考条件

①色谱柱：氢氧化物选择性，可兼容梯度洗脱的二乙烯基苯－乙基苯乙烯共聚物基质，烷醇基季铵盐功能团的高容量阴离子交换柱，4mm×250mm（带保护柱4mm×50mm），或性能相当的离子色谱柱。

②洗脱液：氢氧化钾溶液，浓度 6～70mmol/L；洗脱梯度：6mmol/L、30min，70mmol/L、5min，6mmol/L、5min；流速 1.0mL/min。

③检测器：电导检测器，检测池温度为35℃；或紫外检测器，检测波长为226nm。

④进样体积：50μL（可根据试样中被测离子含量进行调整）。

（5）测定

①标准曲线的制作：将标准系列工作液分别注入离子色谱仪中，得到各浓度标准工作液色谱图，测定相应的峰高（μS）或峰面积，以标准工作液的浓度为横坐标、峰高（μS）或峰面积为纵坐标，绘制标准曲线。

②试样溶液的测定：将空白和试样溶液注入离子色谱仪中，得到空白和试样溶液的峰高（μS）或峰面积，根据标准曲线得到待测液中亚硝酸根离子或硝酸根离子的浓度。

4. 结果计算

试样中亚硝酸离子或硝酸离子的含量按式（2－45）计算：

$$X = \frac{(C - C_0) \times V \times f}{m \times \omega} \tag{2-45}$$

式中 X——试样中亚硝酸根离子或硝酸根离子的含量，μg/g

C——测定用试样溶液中亚硝酸根离子或硝酸根离子浓度，μg/mL

C_0——空白溶液中亚硝酸根离子或硝酸根离子浓度，μg/mL

V——试样溶液体积，mL

f——试样溶液稀释倍数

ω——样品干物质含量，%

m——样品质量，g

试样中测得的亚硝酸根离子含量乘以换算系数 1.5，即得亚硝酸盐（按亚硝酸钠计）含量；试样中测得的硝酸根离子含量乘以换算系数 1.37，即得硝酸盐（按硝酸钠计）含量。

5. 注意事项

（1）在重复条件下同一样品获得的两次独立测定结果的绝对差值不得超过算术平均值的10%。如果符合该重复性要求，则结果以重复性条件下获得的三次独立测定结果的算术平均值表示，结果保留 3 位有效数字。

（2）所有玻璃器皿使用前均需依次用2mol/L 氢氧化钾和水分别浸泡 4h，然后用水冲洗 3～5 次，晾干备用。

（3）在离子色谱分析过程中，样品中往往存在着杂质干扰物，如有机物或金属离子会污染离子色谱柱填料，导致填料中毒，降低色谱柱的分离能力和使用寿命；杂质离子会干扰目标离子的分离。

（二）方法二：分光光度法

1. 实验原理

亚硝酸盐采用盐酸萘乙二胺法测定，硝酸盐采用镉柱还原法测定。

试样经沉淀蛋白质、除去脂肪后，在弱酸条件下，亚硝酸盐与对氨基苯磺酸重氮化后，再与盐酸萘乙二胺偶合形成紫红色染料，外标法测得亚硝酸盐含量。采用镉柱将硝酸盐还原成亚硝酸盐，测得亚硝酸盐总量，由测得的亚硝酸盐总量减去试样中亚硝酸盐含量，即得试样中硝酸盐含量。

2. 仪器与试剂

（1）主要仪器和准备

①分析天平、分光光度计、组织捣碎机、超声波清洗器、恒温干燥箱、常规玻璃器皿等。

②海绵状镉的制备：镉粒直径 0.3～0.8mm。将适量的锌棒放入烧杯中，用 40g/L 硫酸镉溶液浸没锌棒。在 24h 之内，不断将锌棒上的海绵状镉轻轻刮下。取出残余锌棒，使镉沉底，倾去上层溶液。用水冲洗海绵状镉 2～3 次，将镉转移至搅拌器中，加 400mL 盐酸（0.1mol/L），搅拌数秒，以得到所需粒径的镉颗粒。将制得的海绵状镉倒回烧杯中，静置 3～4h，期间搅拌数次，以除去气泡。倾去海绵状镉中的溶液，并可按下述方法进行镉粒镀铜。

③镉粒镀铜：将制得的镉粒置于锥形瓶中（所用镉粒的量以达到要求的镉柱高度为准），加足量 2mol/L 盐酸浸没镉粒，振荡 5min，静置分层，倾去上层溶液，用水多次冲洗镉粒。在镉粒中加入 20g/L 硫酸铜溶液（每克镉粒约需 2.5mL），振荡 1min，静置分层，倾去上层溶液后，立即用水冲洗镀铜镉粒（注意镉粒要始终用水浸没），直至冲洗的水中不再有铜沉淀。

④镉柱的装填：用水装满镉柱玻璃柱，并装入约 2cm 高的玻璃棉做垫，将玻璃棉压向柱底（将玻璃棉压向柱底时，应将其中所包含的空气全部排出），轻轻敲击玻璃柱，加入海绵状镉至 8～10cm 或 15～20cm，上面用 1cm 高的玻璃棉覆盖。如无上述镉柱玻璃管时，可以 25mL 酸式滴定管代用，但过柱时要注意始终保持液面在镉层之上。

当镉柱填装好后，先用 25mL 0.1mol/L 盐酸洗涤，再以水洗 2 次，每次 25mL，镉柱不用时用水封盖，随时都要保持水平面在镉层之上，不得使镉层夹有气泡。

⑤镉柱的再生：镉柱每次使用完毕后，应先以 0.1mol/L 盐酸 25mL 洗涤，再以水洗 2 次，每次 25mL，最后用水覆盖镉柱。

⑥镉柱还原效率的测定：吸取 20mL 硝酸钠标准使用液，加入 5mL 氨缓冲液的稀释液，混匀后注入贮液杯，使其流经镉柱还原，收集洗脱液于 100mL 容量瓶中，洗脱液的流量不应超过 6mL/min。在贮液杯将要排空时，用约 15ml 水冲洗杯壁，待冲洗水流尽后，再用 15mL 水重复冲洗，第 2 次冲洗水也流尽后，将贮液杯灌满水，并使其以最大流量流过柱子。当容量瓶中的洗脱液接近 100mL 时，从柱子下取出容量瓶，用水定容，混匀。取 10.0mL 还原后的溶液（相当 10μg 亚硝酸钠）于 50mL 比色管中，于管中分别加入 2mL 对氨基苯磺酸溶液，混匀，静置 3～5min 后，各加入 1mL 盐酸萘乙二胺溶液，加水至刻度，混匀，静置 15min，用 1cm 比色杯，以零管溶液为参比，于波长 538nm 处测溶液吸光度值，根据亚硝酸钠标准曲线计算测得结果，与加入量一致，还原效率应大于 95% 为符合要求。

⑦还原效率计算：按式（2－46）计算：

$$X = \frac{m}{10} \times 100\% \qquad (2-46)$$

式中 X——还原效率，%

m——测得亚硝酸钠的含量，μg

10——测定用溶液相当亚硝酸钠的含量，μg

如果还原率小于95%时，将镉柱中的镉粒倒入锥形瓶中，加入足量2mol/L盐酸中，振荡数分钟，再用水反复冲洗。

（2）主要试剂及其配制

①除另有说明外，本方法所用试剂均为分析纯，水为GB/T 6682—2008规定的一级水。

②亚铁氰化钾溶液：称取106.0g亚铁氰化钾［$K_4Fe(CN)_6 \cdot 3H_2O$］，用水溶解，并稀释、定容至1000mL。

③乙酸锌溶液：称取220.0g乙酸锌［$Zn(CH_3COO)_2 \cdot 2H_2O$］，先加30mL冰乙酸溶解，用水稀释、定容至1000mL。

④饱和硼砂溶液：称取5.0g硼酸钠（$Na_2B_4O_7 \cdot 10H_2O$），溶于100mL热水中，冷却后备用。

⑤氨缓冲溶液（pH 9.6～9.7）：取30mL浓盐酸，加100mL水，混匀后加65mL氨水（$NH_3 \cdot H_2O$，25%），再加水稀释至1000mL，混匀。调节pH至9.6～9.7。

⑥氨缓冲液的稀释液：取50mL pH 9.6～9.7氨缓冲溶液，加水稀释至500mL，混匀。

⑦20%盐酸：取20mL盐酸，用水稀释至100mL。

⑧2mol/L盐酸：取167mL盐酸，用水稀释至1000mL。

⑨0.1mol/L盐酸：取8.3mL盐酸，用水稀释至1000mL。

⑩对氨基苯磺酸溶液：称取0.4g对氨基苯磺酸，溶于100mL 20%盐酸中，混匀，置棕色瓶中，避光保存。

⑪盐酸萘乙二胺溶液：称取0.2g盐酸萘乙二胺，溶于100mL水中，混匀，置棕色瓶中，避光保存。

⑫硫酸铜溶液：称取20g硫酸铜（$CuSO_4 \cdot 5H_2O$），加水溶解，并稀释至1000mL。

⑬硫酸镉溶液：称取40g硫酸镉（$CdSO_4 \cdot 8H_2O$），加水溶解，并稀释至1000mL。

⑭3%乙酸溶液：量取冰乙酸3mL于100mL容量瓶中，以水稀释至刻度，混匀。

⑮亚硝酸钠（$NaNO_2$，CAS号：7632-00-0）：基准试剂，或采用具有标准物质证书的亚硝酸盐标准溶液。

⑯硝酸钠（$NaNO_3$，CAS号：7631-99-4）：基准试剂，或采用具有标准物质证书的硝酸盐标准溶液。

⑰200μg/mL亚硝酸钠标准溶液（以亚硝酸钠计）：准确称取0.1000g于110～120℃干燥至质量恒定的亚硝酸钠，加水溶解，移入500mL容量瓶中，加水稀释至刻度，混匀。

⑱5.0μg/mL亚硝酸钠标准使用液（以亚硝酸钠计）：临用前，吸取2.50mL亚硝酸钠标准溶液，置于100mL容量瓶中，加水稀释至刻度。

⑲200μg/mL硝酸钠标准溶液（以亚硝酸钠计）：准确称取0.1232g于110～120℃

干燥至质量恒定的亚硝酸钠，加水溶解，移入 500mL 容量瓶中，加水稀释至刻度，混匀。

⑳5.0μg/mL 硝酸钠标准使用液（以亚硝酸钠计）：临用前，吸取 2.50mL 硝酸钠标准溶液，置于 100mL 容量瓶中，加水稀释至刻度。

3. 实验步骤

（1）供试样预处理　干茶样去杂物后，磨碎，过 20 目筛，混匀，备用。鲜叶、杀青叶、揉捻叶等水分含量高的样品，匀浆后备用。如需加水应记录加水量。

（2）供试样提取　称取 5.000～10.000g 固体或匀浆试样（根据亚硝酸盐和硝酸盐含量可适当调整试样的取样量），置于 250mL 具塞锥形瓶中，加 12.5mL 饱和硼砂溶液，加入 70℃左右的水约 150mL，混匀，于沸水浴中加热 15min，取出置冷水浴中冷却，并放置至室温。将该提取液定量转移至 250mL 容量瓶中，加入 5mL 亚铁氰化钾溶液，摇匀，再加入 5mL 乙酸锌溶液，以沉淀蛋白质；以水定容，摇匀，放置 30min，除去上层脂肪，上清液用滤纸过滤，弃去初滤液 30mL，滤液备用。同时做试剂空白试验。

（3）亚硝酸盐的测定

①标准曲线绘制：吸取 0.00mL、0.20mL、0.40mL、0.60mL、0.80mL、1.00mL、1.50mL、2.00mL 和 2.50mL 亚硝酸钠标准使用液（相当于 0.0μg、1.0μg、2.0μg、3.0μg、4.0μg、5.0μg、7.5μg、10.0μg、12.5μg 亚硝酸钠），分别置于 50mL 带塞比色管中，于管中分别加入 2mL 对氨基苯磺酸溶液，混匀，静置 3～5min 后，各加入 1mL 盐酸萘乙二胺溶液，加水至刻度，混匀，静置 15min，用 1cm 比色杯，以零管溶液为参比，于波长 538nm 处测溶液吸光度值，绘制标准曲线。

②样品溶液测定：分别取上述样品溶液和空白溶液的滤液 40.0mL 于 50mL 带塞比色管中，余下按照标准曲线操作进行，测吸光度值，与标准曲线比较定量。

（4）硝酸盐的测定

①镉柱还原：先以 25mL 氨缓冲液的稀释液冲洗镉柱，流速控制在 3～5mL/min（以滴定管代替的可控制在 2～3mL/min）。

吸取 20mL 上述样品溶液的滤液于 50mL 烧杯中，加入 5mL 氨缓冲溶液（pH 9.6～9.7），混合后注入贮液漏斗，使流经镉柱还原，收集洗脱液于 100mL 容量瓶中。当贮液杯中的样液流尽后，加 15mL 水冲洗烧杯，再倒入贮液杯中。冲洗水流完后，再用 15mL 水重复 1 次。当第 2 次冲洗水快流尽时，将贮液杯装满水，使其以最大流速过柱。当容量瓶中的洗脱液接近 100mL 时，取出容量瓶，用水定容，混匀。

②亚硝酸钠总量的测定：吸取 10～20mL 还原后的样品溶液于 50mL 带塞比色管中，余下按亚硝酸盐标准曲线绘制操作进行，测吸光度值。

4. 结果计算

（1）亚硝酸盐含量计算　试样中亚硝酸盐（以亚硝酸钠计）的含量按式（2－47）计算：

$$\text{亚硝酸盐含量}(\mu g/g)=\frac{m_2\times\frac{V_0}{V_1}}{m_3\times\omega}\tag{2-47}$$

式中　m_2——测定用样液中亚硝酸钠的质量，μg

m_3——试样质量，g

V_0——试样处理液总体积，mL

V_1——测定用样液体积，mL

ω——样品干物质含量，%

（2）硝酸盐含量计算　试样中硝酸盐（以硝酸钠计）的含量按式（2-48）计算：

$$\text{硝酸盐含量}(\mu g/g)=\left(\frac{m_4\times\frac{V_2}{V_3}\times\frac{V_0}{V_1}}{m_3\times\omega}-X\right)\times1.232 \tag{2-48}$$

式中　m_4——经镉粉还原后测得总亚硝酸钠的质量，μg

m_3——试样质量，g

V_0——试样处理液总体积，mL

V_1——测总亚硝酸钠的测定用样液体积，mL

V_2——经镉柱还原后样液总体积，mL

V_3——经镉柱还原后样液的测定用体积，mL

X——试样中亚硝酸盐的含量，μg/g

1.232——亚硝酸钠换算成硝酸钠的系数

5. 注意事项

在重复条件下同一样品获得的两次独立测定结果的绝对差值不得超过算术平均值的10%。如果符合该重复性要求，则结果以重复性条件下获得的三次独立测定结果的算术平均值表示，结果保留2位有效数字。

实验三十二　茶叶中吡虫啉残留的测定

吡虫啉是一种新烟碱类杀虫剂，具有广谱、高效、低毒、低残留，害虫不易产生抗性，并有触杀、胃毒和内吸等多重作用，在茶园中应用十分普遍。随着烟碱类农药用量增多及使用范围扩大，其安全性也备受关注。

本实验采用高效液相色谱法测定茶叶中吡虫啉的残留量。

（一）实验原理

吡虫啉农药残留通过乙腈提取，盐析，浓缩液经固相萃取净化，乙腈洗脱，高效液相色谱270nm检测，采用外标法定量。

（二）仪器与试剂

1. 主要仪器

高效液相色谱仪（配紫外检测器或二极管阵列检测器）、粉碎机、分析天平、离心机、超声波清洗器、旋转蒸发仪、固相萃取（SPE）装置、ENVI-18固相萃取柱、有机滤膜（孔径0.45μm）、移液器、梨形分液漏斗、常规玻璃器皿等。

2. 主要试剂及其配制

（1）除另有说明外，本方法所用试剂均为分析纯，水为GB/T 6682—2016《分析实验室用水规格和试验方法》规定的一级水。

（2）乙腈　色谱纯。

（3）吡虫啉农药标准物质　纯度大于99%。

（4）25%乙腈　乙腈与水按1:3体积比混合。

（5）0.1%磷酸水溶液　取1.18mL浓磷酸，以水稀释、定容至1000mL。

（6）净化过程所用溶液A（20mmol/L NaOH、NaCl饱和溶液）　称取0.8g NaOH于100mL烧杯中，加入少量水溶解后，再加入氯化钠使其饱和，全部移入1000mL容量瓶中，以饱和氯化钠水溶液定容至刻度。

（7）净化过程所用溶液B（20mmol/L NaOH溶液）　称取0.8g NaOH于100mL烧杯中，加入少量水溶解后，全部移入1000mL容量瓶中，以水定容至刻度。

（8）吡虫啉标准储备溶液　称取10.0mg左右吡虫啉标准品，加乙腈超声溶解，定容于10mL容量瓶中，配成1000μg/mL左右的标准储备液，-18℃冰箱保存。

（9）吡虫啉标准工作溶液　使用时根据检测需要稀释成不同浓度的标准工作溶液，4℃冰箱保存。标准溶液避光4℃保存，可使用两个月。

（三）实验步骤

1. 供试样提取

茶样用粉碎机粉碎后，称取5.0g，加50mL乙腈，振荡提取1h，滤纸过滤；取滤液40mL入100mL梨形分液漏斗中，加入已配制好的A溶液40mL，剧烈振荡1min，分层；取乙腈层20mL，用旋转蒸发仪真空浓缩近干，加25%乙腈2mL入浓缩瓶中，超声30s充分溶解，待净化。

2. 供试液净化

ENVI-18固相萃取柱先用5mL乙腈预淋洗，再用5mL 25%乙腈平衡。取上述待净化供试液1mL，上样于已用25%乙腈平衡好的固相萃取柱，先用20mmol/L NaOH溶液10mL洗脱，弃去洗脱液；再用10mL水洗脱，弃去洗脱液，抽干柱；最后用1mL乙腈缓慢洗脱保留在柱上的吡虫啉农药，收集洗脱液，定容至1mL，经0.45μm有机滤膜过滤，待测。

3. 测定

（1）参考分析条件

①色谱柱：C_{18}柱（5μm，250mm×4.6mm）；

②流动相及流速见表2-5；

表2-5　流动相及流速

时间/min	流动相组成/%	乙腈	流速/（mL/min）
0	85	15	1.0
5	80	20	1.0
35	75	25	1.0
36	0	100	1.0
46	85	15	1.0

③柱温：室温；

④进样量：5μL；

⑤检测波长：270nm。

（2）测定　采用外标校准曲线法定量测定。使用不同浓度的标准工作液，以色谱峰面积定量，绘制多点校准曲线，求得回归方程。测定的试样浓度应在标准曲线范围内，测试液以峰面积定量。

（3）空白实验　除不称取样品外，均按上述步骤进行。

（四）结果计算

试样中吡虫啉残留量按式（2－49）计算：

$$\text{吡虫啉残留量}(\mu g/g)=\frac{A_1\times V_1\times V_3\times C}{A_2\times V_2\times m\times \omega} \tag{2-49}$$

式中　A_1——试样中组分的峰面积（积分单位）

V_1——试样中提取的总体积，mL

V_3——净化后定容的体积，mL

C——标准品质量浓度，μg/L

A_2——标准样中组分的峰面积（积分单位）

V_2——净化用提取液的总体积，mL

ω——样品干物质含量，%

m——样品质量，g

（五）注意事项

在重复条件下同一样品获得的两次独立测定结果的绝对差值不得超过算术平均值的15%。如果符合该重复性要求，则结果以重复性条件下获得的三次独立测定结果的算术平均值表示，结果保留3位有效数字。

实验三十三　茶叶中有机磷、有机氯及拟除虫菊酯三类农药残留量的测定

近年来茶叶质量安全备受关注，特别是茶叶农药残留的问题。国际上一些茶叶进出口国制定了严格的农药残留限量标准，对我国茶叶贸易造成了很大影响。因此，测定茶叶中的农药残留量具有重要的现实意义。

本实验采用气相色谱－质谱法（GS－MS）测定茶叶中的有机磷、有机氯及拟除虫菊酯三类农药的残留量。

（一）实验原理

茶叶试样中有机磷、有机氯、拟除虫菊酯类农药经加速溶剂萃取仪（ASE）用乙腈＋二氯甲烷（1＋1，体积比）提取，提取液经溶剂置换后用凝胶渗透色谱（GPC）净化、浓缩后，用气相色谱－质谱仪进行检测，选择离子和色谱保留时间定性，外标法定量。

（二）仪器与试剂

1. 主要仪器

气相色谱－质谱仪，配有电子轰击电离源（EI）；加速溶剂萃取仪（ASE）；凝胶渗透色谱仪（GPC）；旋转蒸发器；氮气吹干仪；高速离心机；分析天平；粉碎机；移液器；有机相微孔滤膜（孔径0.45μm）；其他常规玻璃器皿等。

2. 主要试剂及其配制

（1）除另有说明外，本方法所用试剂均为分析纯。

（2）环己烷、乙酸乙酯及正己烷均为色谱纯。

（3）36种农药标准物质（纯度大于98%） 见表2－6。

（4）农药混合标准储备溶液　根据每种农药在仪器上的响应灵敏度，确定其在混合标准储备液中的浓度，移取适量100μg/mL单种农药标准样品于10mL容量瓶中，用正己烷定容，配制36种农药混合标准储备溶液（避光4℃保存，可使用1个月）。

（5）基质混合标准工作溶液　移取一定体积的混合标准储备溶液，用经净化后的样品空白基质提取液作溶液，配制成不同浓度的基质混合标准工作溶液，用于做标准工作曲线。基质混合标准工作溶液应现配现用。

（三）实验步骤

1. 提取

称取磨碎的均匀茶叶试样5.00g，加适量水润湿，移入加速溶剂萃取仪的34mL萃取池中，用乙腈＋二氯甲烷（1＋1，体积比）作为提取溶剂，在1500psi（10.34MPa）压力、100℃条件下，加热5min，静态萃取5min。循环1次。然后用池体积60%的乙腈＋二氯甲烷（1＋1，体积比）冲洗萃取池，并用氮气吹扫100s。萃取完毕，将萃取液转移到100mL鸡心瓶中，于40℃水浴中减压旋转蒸发近干，然后用适量乙酸乙酯＋环己烷（1＋1，体积比）溶解残余物后转移至10mL离心管中，再用乙酸乙酯＋环己烷（1＋1，体积比）定容至10mL。将此10mL溶液高速离心（10000r/min，5min）后过0.45μm滤膜，待凝胶色谱净化。

2. 净化

（1）取上述提取液5mL，用凝胶渗透色谱柱净化；将净化液置于氮气吹干仪上（≤40℃）吹至近干，用正己烷定容至0.5mL，用气相色谱/质谱法测定。

（2）凝胶色谱条件

①净化柱：320mm×25mm，内装50g Bio－beads S－X_3填料；

②流动相：环己烷＋乙酸乙酯（1＋1，体积比）；

③流速：5mL/min；

④排除时间：18min；

⑤收集时间：10min。

3. 测定

（1）参考分析条件

①色谱柱：DB－17ms（30m×0.25mm×0.25μm）毛细管色谱柱；

②色谱柱升温程序：60℃保持1min，然后以30℃/min升温至160℃，再以5℃/min

升温至295℃，保持10min；

③载气：氦气（纯度≥99.999%），恒流模式，流速为1.2mL/min；

④进样口温度：250℃；

⑤进样量：1μL；

⑥进样方式：无分流进样，1min后打开分流阀；

⑦离子源：EI源，70eV；

⑧离子源温度：230℃；

⑨接口温度：280℃；

⑩测定方式：选择离子监测（SIM）。每种目标化合物分别选择1个定量离子，2~3个定性离子。每组所有需要检测的离子按照保留时间的先后顺序，分时段分别检测。每种化合物的保留时间、定量离子、定性离子及定量离子与定性离子的丰度比值参见附录一。每组检测离子和保留时间范围参见附录二。

（2）定性测定　进行样品测定时，如果检出的色谱峰的保留时间与标准样品一致，在扣除背景后的样品质谱图中所选择的离子均出现，且所选择的离子丰度比与标准样品的离子丰度比一致，则可判断样品中存在这种农药化合物。本实验定性测定时相对离子丰度的最大允许偏差见表2-6要求。

表2-6　定性测定时相对离子丰度的最大允许偏差

相对离子丰度/%	>50	>20~50	>10~20	≤10
最大允许偏差/%	±10	±15	±20	±50

（3）定量测定　本标准采用外标校准曲线法单离子定量测定。为了减少基质对定量测定的影响，用经净化后的样品空白基质提取液作溶液，配制系列不同浓度的基质混合标准工作溶液，用于标准曲线的绘制，并且保证所测样品中农药的响应值在仪器的线性范围内。

（4）空白实验　除不称取样品外，余下操作均按样品操作步骤进行。

（四）结果计算

1. 标准曲线

使用基质标准工作溶液（浓度在50~1000μg/L混合标准系列溶液）进样，绘制基质标准工作曲线。待测农药的响应值均应在检测方法的线性范围之内。

2. 试样中每种农药的残留量，按式（2-50）计算：

$$X = \frac{c \times V}{m \times \omega} \tag{2-50}$$

式中　X——试样中被测组分残留量，μg/g

c——由标准曲线得到的被测组分溶液浓度，μg/mL

V——样品定容体积，mL

ω——样品干物质含量，%

m——样品质量，g

（五）注意事项

在重复条件下同一样品获得的两次独立测定结果的绝对差值不得超过算术平均值的15%。如果符合该重复性要求，则结果以重复性条件下获得的三次独立测定结果的算术平均值表示，结果保留2位有效数字。

本标准的精密度数据见表2－7。

表2－7　　36种农药标准样品名称及精密度

序号	名称	英文名称	检出限/（mg/kg）	含量/（mg/kg）	相对标准偏差（RSD）/%（$n=6$）
1	敌敌畏	dichlorvos	0.01	0.02	3.11
				0.1	2.25
2	甲胺磷	methamidophos	0.02	0.02	4.44
				0.1	3.25
3	乙酰甲胺磷	acephate	0.02	0.02	3.24
				0.1	4.00
4	甲拌磷	phorate	0.01	0.02	3.52
				0.1	2.92
5	δ－六六六	delta－HCH	0.005	0.02	3.17
				0.1	1.78
6	γ－六六六	gamma－HCH	0.005	0.02	5.02
				0.1	4.45
7	β－六六六	beta－HCH	0.005	0.02	4.33
				0.1	3.65
8	异稻瘟净	iprobenfos	0.01	0.02	4.39
				0.1	2.34
9	乐果	dimethoate	0.02	0.02	5.35
				0.1	2.96
10	八氯二丙醚	S421	0.01	0.02	3.69
				0.1	2.89
11	α－六六六	alpha－HCH	0.005	0.02	4.32
				0.1	2.87
12	毒死蜱	chlorpyrifos	0.01	0.02	6.84
				0.1	2.75
13	杀螟硫磷	fenitrothion	0.01	0.02	5.37
				0.1	2.81

续表

序号	名称	英文名称	检出限/(mg/kg)	含量/(mg/kg)	相对标准偏差(RSD)/% (n=6)
14	三氯杀螨醇	dicofol	0.02	0.04	3.53
				0.2	3.54
15	水胺硫磷	isocarbophos	0.01	0.02	4.48
				0.1	2.58
16	α－硫丹	alpha－endosulfan	0.02	0.04	8.40
				0.2	7.19
17	喹硫磷	quinalphos	0.01	0.02	4.62
				0.1	3.20
18	*p,p′*－滴滴伊	*p,p′－DDE*	0.01	0.02	4.84
				0.1	3.47
19	*o,p′*－滴滴伊	*o,p′－DDE*	0.01	0.02	4.76
				0.1	3.49
20	噻嗪酮	buprofenzin	0.01	0.02	4.53
				0.1	2.60
21	*o,p′*－滴滴涕	*o,p′－DDT*	0.01	0.02	4.70
				0.1	3.59
22	*p,p′*－滴滴涕	*p,p′－DDT*	0.01	0.02	4.99
				0.1	3.26
23	β－硫丹	beta－endosulfan	0.02	0.04	4.22
				0.2	2.28
24	联苯菊酯	bifenthrin	0.01	0.02	3.91
				0.1	2.72
25	三唑磷	triazophos	0.01	0.04	5.19
				0.2	2.84
26	甲氰菊酯	fenpropathrin	0.01	0.04	3.93
				0.2	2.74
27	氯氟氰菊酯	lambda－cyhalothrin	0.01	0.02	4.58
				0.1	3.03
28	苯硫磷	EPN	0.01	0.02	5.45
				0.1	2.66
29	三氯杀螨砜	tetradifon	0.01	0.04	4.23
				0.2	2.24

续表

序号	名称	英文名称	检出限/(mg/kg)	含量/(mg/kg)	相对标准偏差(RSD)/% ($n=6$)
30	氯菊酯	permethrin	0.01	0.04	3.89
				0.2	7.32
31	哒螨酮	pyridaben	0.01	0.02	3.11
				0.1	2.68
32	氯氰菊酯	cypermethrin	0.05	0.08	1.92
				0.4	2.42
33	氟氰戊菊酯	flucythrinate	0.02	0.04	2.99
				0.2	1.95
34	氟胺氰菊酯	fluvalinate	0.05	0.08	2.51
				0.4	1.29
35	氰戊菊酯	fenvalerate	0.05	0.08	2.91
				0.4	2.97
36	溴氰菊酯	deltamethrin	0.05	0.08	1.92
				0.4	1.70

实验三十四　茶叶中黄曲霉毒素含量的测定

黄曲霉毒素（AFT）主要是黄曲霉和寄生曲霉的某些菌株产生的一类结构和理化性质相似的真菌次级代谢物，是自然界中已经发现的理化性质最稳定的一类霉菌毒素。黄曲霉毒素对光、热和酸稳定，遇碱能迅速分解。1993 年，黄曲霉毒素被世界卫生组织（WHO）癌症研究机构划定为一类天然存在的致癌物，是毒性极强的剧毒物质。

黄曲霉毒素包括黄曲霉毒素 B_1、黄曲霉毒素 B_2、黄曲霉毒素 G_1、黄曲霉毒素 G_2、黄曲霉毒素 M_1、黄曲霉毒素 M_2、黄曲霉毒素 GM 等 20 多种，其中以黄曲霉毒素 B_1 的毒性最大，致癌性最强，黄曲霉毒素 G_1 和黄曲霉毒素 M_1 的毒性次之。国内食品检测常以黄曲霉毒素 B_1 作为污染指标。

本实验采用高效液相色谱－柱前衍生法测定茶叶中黄曲霉毒素 B 族和黄曲霉毒素 G 族，及酶联免疫吸附筛查法测定茶叶中黄曲霉毒素 B_1。

（一）方法一：高效液相色谱－柱前衍生法

1. 实验原理

黄曲霉毒素难溶于水、已烷、乙醚和石油醚，易溶于甲醇、乙醇、氯仿、乙腈和二甲基甲酰胺等有机溶剂。试样中的黄曲霉毒素 B_1、黄曲霉毒素 B_2、黄曲霉毒素 G_1、黄曲霉毒素 G_2，用乙腈－水溶液或甲醇－水溶液的混合溶液提取，提取液经黄曲霉毒素固相净化柱净化去除脂肪、蛋白质、色素及碳水化合物等干扰物质，净化液用三氟乙酸柱前衍生，液相色谱分离，荧光检测器检测，外标法定量。

2. 仪器与试剂

（1）主要仪器　匀浆机、高速粉碎机、组织捣碎机、超声波/涡旋振荡器或摇床、天平、涡旋混合器、高速均质器、离心机、玻璃纤维滤纸、氮吹仪、液相色谱仪、色谱分离柱、黄曲霉毒素专用型固相萃取净化柱（以下简称净化柱）或相当者、一次性微孔滤头、筛网、恒温箱、pH 计。

（2）主要试剂及其配制

①除另有说明外，本方法所用试剂均为分析纯，水为 GB/T 6682—2016《分析实验室用水规格和试验方法》规定的一级水。

②甲醇、乙腈、正己烷、三氟乙酸：色谱纯。

③甲醇 - 水溶液（70 ±30）：取 700mL 甲醇加入 300mL 水。

④乙腈 - 水溶液（84 ±16）：取 840mL 乙腈加入 160mL 水。

⑤乙腈 - 水溶液（50 ±50）：取 500mL 乙腈加入 500mL 水。

⑥乙腈 - 甲醇溶液（50 ±50）：取 500mL 乙腈加入 500mL 甲醇。

⑦标准品及标准溶液配制：

a. 黄曲霉毒素 B_1（AFT B_1）标准品（$C_{17}H_{12}O_6$，CAS 号：1162 -65 -8）、黄曲霉毒素 B_2（AFT B_2）标准品（$C_{17}H_{14}O_6$，CAS 号：7220 - 81 - 7）、黄曲霉毒素 G_1（AFT G_1）标准品（$C_{17}H_{12}O_7$，CAS 号：1165 - 39 - 5）、黄曲霉毒素 G_2（AFT G_2）标准品（$C_{17}H_{14}O_7$，CAS 号：7241 -98 -7）。纯度≥98%，或经国家认证并授予标准物质证书的标准物质。

b. 标准溶液配制：

标准储备溶液（10μg/mL）：分别称取黄曲霉毒素 B_1、黄曲霉毒素 B_2、黄曲霉毒素 G_1和黄曲霉毒素 G_2 1mg（精确至 0. 01mg），用乙腈溶解并定容至 100mL。此溶液浓度约为 10μg/mL。溶液转移至试剂瓶中后，在 -20℃下避光保存，备用。临用前进行浓度校准。

混合标准工作液（黄曲霉毒素 B_1和黄曲霉毒素 G_1：100μg/mL；黄曲霉毒素 B_2和黄曲霉毒素 G_2：30μg/mL）：准确移取黄曲霉毒素 B_1和黄曲霉毒素 G_1标准储备溶液各 1mL，黄曲霉毒素 B_2和黄曲霉毒素 G_2标准储备溶液各 300μL 至 100mL 容量瓶中，乙腈定容。密封后避光 -20℃保存，3 个月内有效。

标准系列工作溶液：分别准确移取混合标准工作液 10μL、50μL、200μL、500μL、1 000μL、2000μL、4000μL 至 10mL 容量瓶中，用初始流动相定容至刻度（含黄曲霉毒素 B_1和黄曲霉毒素 G_1浓度为 0. 1ng/mL、0. 5ng/mL、2. 0ng/mL、5. 0ng/mL、10. 0ng/mL、20. 0ng/mL、40. 0ng/mL，黄曲霉毒素 B_2和黄曲霉毒素 G_2浓度为 0. 03ng/mL、0. 15ng/mL、0. 6ng/mL、1. 5ng/mL、3. 0ng/mL、6. 0ng/mL、12ng/mL 的系列标准溶液）。

3. 实验步骤

（1）样品制备　采样量需大于 1kg，用高速粉碎机将其粉碎，过筛，使其粒径小于 2mm 孔径试验筛，混合均匀后缩分至 100g，储存于样品瓶中，密封保存，供检测用。

（2）样品提取　精确称取 5. 00g 试样于 50mL 离心管中，加入 20. 0mL 乙腈 - 水溶

液（84+16）或甲醇-水溶液（70+30），涡旋混匀，置于超声波/涡旋振荡器或摇床中振荡20min（或用均质器均质3min），在6000r/min离心10min（或均质后玻璃纤维滤纸过滤），取上清液备用。

（3）样品黄曲霉毒素固相净化柱净化　移取适量上清液，按净化柱操作说明进行净化，收集全部净化液。

（4）衍生　用移液管准确吸取4.0mL净化液于10mL离心管后在50℃用氮气缓缓地吹至近干，分别加入200μL正己烷和100μL三氟乙酸，涡旋30s，在（40±1）℃的恒温箱中衍生15min，衍生结束后，在50℃用氮气缓缓地将衍生液吹至近干，用初始流动相定容至1.0mL，涡旋30s溶解残留物，过0.22μm滤膜，收集滤液于进样瓶中以备进样。

（5）色谱参考条件

①色谱柱：C_{18}柱（柱长150mm或250mm，柱内径4.6mm，填料粒径5μm），或相当者；

②流动相：A相为水，B相为乙腈-甲醇溶液（50+50）；

③梯度洗脱：24% B（0~6.0min），35% B（8.0~10.0min），100% B（10.2~11.2min），24% B（11.5~13.0min）；

④流速：1.0mL/min；

⑤柱温：40℃；

⑥进样体积：50μL；

⑦检测波长：激发波长360nm；

⑧发射波长：440nm；

⑨液相色谱图：参见图2-5。

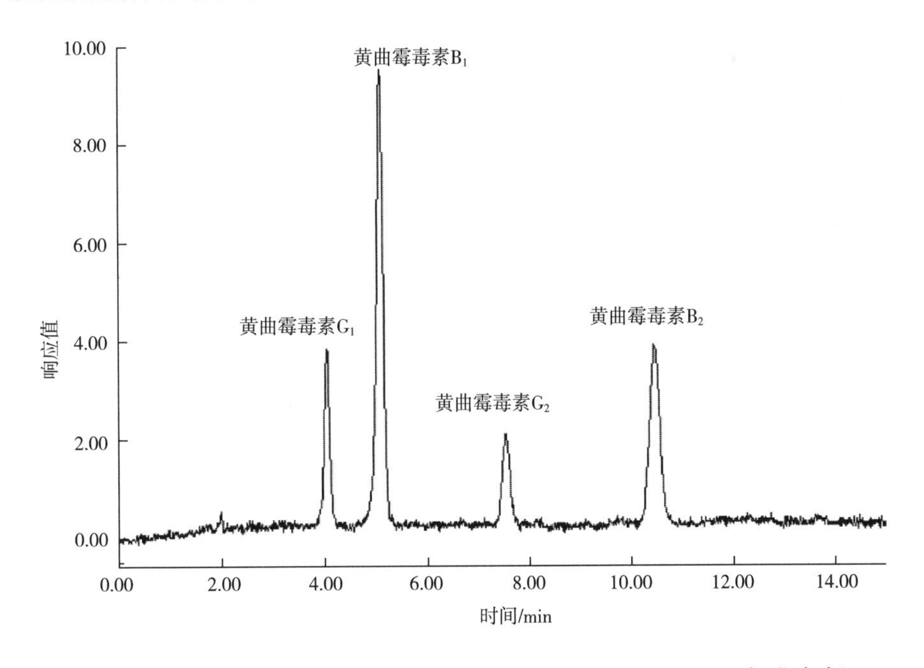

图2-5　四种黄曲霉毒素AFT柱前衍生液相色谱图（0.5ng/mL标准溶液）

（6）样品测定

①标准曲线的制作：系列标准工作溶液由低到高浓度依次进样检测，以峰面积为纵坐标、浓度为横坐标作图，得到标准曲线回归方程。

②试样溶液的测定：待测样液中待测化合物的响应值应在标准曲线线性范围内，浓度超过线性范围的样品则应稀释后重新进样分析。

③空白试验：除不称取样品外，均按上述步骤进行。

4. 结果计算

试样中黄曲霉毒素 B_1、黄曲霉毒素 B_2、黄曲霉毒素 G_1 和黄曲霉毒素 G_2 的残留量按式（2－51）计算：

$$X = \frac{\rho \times V_1 \times V_3}{V_2 \times m \times \omega} \tag{2-51}$$

式中 X——试样中黄曲霉毒素 B_1、黄曲霉毒素 B_2、黄曲霉毒素 G_1 或黄曲霉毒素 G_2 的含量，μg/kg

ρ——进样溶液中黄曲霉毒素 B_1、黄曲霉毒素 B_2、黄曲霉毒素 G_1 或黄曲霉毒素 G_2 按照外标法在标准曲线中对应的浓度，ng/mL

V_1——试样提取液体积，mL

V_3——净化液的最终定容体积，mL

V_2——净化柱净化后的取样液体积，mL

ω——样品干物质含量，%

m——试样的称样量，g

5. 注意事项

（1）在重复条件下同一样品获得的两次独立测定结果的绝对差值不得超过算术平均值的20%。如果符合该重复性要求，则结果以重复性条件下获得的三次独立测定结果的算术平均值表示，结果保留3位有效数字。

（2）当称取样品5g时，柱前衍生法的黄曲霉毒素 B_1 的检出限为0.03μg/kg，黄曲霉毒素 B_2 的检出限为0.03μg/kg，黄曲霉毒素 G_1 的检出限为0.03μg/kg，黄曲霉毒素 G_2 的检出限为0.03μg/kg；柱前衍生法的黄曲霉毒素 B_1 的定量限为0.1μg/kg，黄曲霉毒素 B_2 的定量限为0.1μg/kg，黄曲霉毒素 G_1 的定量限为0.1μg/kg，黄曲霉毒素 G_2 的定量限为0.1μg/kg。

（二）方法二：酶联免疫吸附筛查法

1. 实验原理

试样中的黄曲霉毒素 B_1 用甲醇水溶液提取，经均质、涡旋、离心（过滤）等处理获取上清液。被辣根过氧化物酶标记或固定在反应孔中的黄曲霉毒素 B_1，与试样上清液或标准品中的黄曲霉毒素 B_1 竞争性结合特异性抗体。在洗涤后加入相应显色剂显色，经无机酸终止反应，于450nm或630nm波长处检测。样品中的黄曲霉毒素 B_1 与吸光度在一定浓度范围内呈反比。

2. 仪器与试剂

（1）仪器　微孔板酶标仪、研磨机、振荡器、电子天平、离心机、快速定量滤纸、筛网及试剂盒所要求的仪器等。

（2）试剂　按照试剂盒说明书所述，配制所需溶液。

①除另有说明外，本实验用水均为GB/T 6682—2016《分析实验室用水规格和试验方法》规定的二级水，所用试剂均为化学纯。

②黄曲霉毒素 B_1 ELISA 试剂盒：按照试剂盒说明书所述配制所需溶液。

3. 实验步骤

（1）样品前处理　称取至少100g样品，用研磨机进行粉碎，将粉碎后的样品过1～2mm孔径试验筛。准确称取5.00g样品于50mL离心管中，加入试剂盒所要求提取液，按照试剂盒说明书所述方法进行检测提取液中黄曲霉毒素 B_1 的浓度。

（2）样品检测　按照酶联免疫试剂盒所述操作步骤，对待测试样进行定量检测。

（3）酶联免疫试剂盒定量检测的标准工作曲线绘制　按照试剂盒说明书提供的计算方法或者计算机软件，根据标准品浓度与对应的吸光值绘制标准工作曲线，并求出相应的回归方程。

4. 结果计算

（1）待测液中黄曲霉毒素 B_1 浓度计算　按照试剂盒说明书提供的计算方法以及计算机软件，将待测液吸光度值代入由标准曲线所获得的回归方程，计算待测液中黄曲霉毒素 B_1 浓度（ρ）。

（2）样品中黄曲霉毒素 B_1 含量计算　样品中黄曲霉毒素 B_1 的含量按式（2－52）计算：

$$X = \frac{\rho \times V \times f}{m \times \omega} \tag{2-52}$$

式中　X——试样中AFT B_1 的含量，μg/kg

ρ——待测液中黄曲霉毒素 B_1 的浓度，μg/L

V——试样提取液体积，mL

f——在前处理过程中的稀释倍数

ω——样品干物质含量，%

m——试样的称样量，g

5. 注意事项

在重复条件下同一样品获得的两次独立测定结果的绝对差值不得超过算术平均值的20%。如果符合该重复性要求，则结果以重复性条件下获得的三次独立测定结果的算术平均值表示，结果保留2位有效数字。

第四节　茶叶中微生物的检测

实验三十五　茶叶中细菌总数的测定

检验茶叶中的细菌总数，可以了解茶叶在生产中（从原料加工到成品包装）受外界污染的情况，从而反映茶叶的卫生质量。一般来说，细菌总数越多，说明茶叶的卫生质量越差，遭受病原菌污染的可能性越大。因此，检验茶叶中的细菌总数可以用来判别茶叶被污染的程度及卫生质量，为茶叶安全标准评价提供依据。

（一）实验原理

细菌数量的表示方法由于所采用的计数方法不同而有两种：菌落总数和细菌总数。

菌落总数是指在一定条件下（如培养基成分、培养温度和培养时间、pH、需氧情况等）培养后，每克或每毫升检样所形成的细菌菌落总数，以 CFU/g（mL）来表示。

按国家标准方法规定，即在需氧情况下，36℃培养 48h，能在普通营养琼脂平板上生长的细菌菌落总数；厌氧或微需氧菌、有特殊营养要求的以及非嗜中温的细菌，由于现有条件不能满足其生理需求，故难以繁殖生长。因此，菌落总数并不表示实际中的所有细菌总数，也不能区分其中细菌的种类，只包括一群在计数平板琼脂中生长发育、嗜中温的需氧和兼性厌氧的细菌菌落总数，所以有时被称为杂菌数、需氧菌数等。

细菌总数指一定数量或面积的食品样品，经过适当的处理后，在显微镜下对 细菌进行直接计数，其中包括各种活菌数和尚未消失的死菌数。细菌总数通常以 1g 或 1mL 样品中的细菌总数来表示。

（二）仪器与试剂

1. 仪器

冰箱、恒温培养箱、恒温水浴锅、均质器或无菌乳钵、天平、菌落计数器、放大镜（4×）、菌落计数器、无菌吸管、无菌锥形瓶、无菌培养皿、无菌试管等。

2. 牛肉膏蛋白胨琼脂培养基（普通营养琼脂培养基）

（1）组成　蛋白胨 10.0g、牛肉膏 3.0g、氯化钠 5.0g、琼脂 15.0～20.0g、蒸馏水 1000mL。

（2）制法　分别将蛋白胨、牛肉膏、氯化钠加入 1000mL 蒸馏水中，煮沸溶解，用 15% 氢氧化钠溶液 2mL 校正 pH 到 7.2。加入 15～20g 琼脂，加热溶解，分装试管，每管 10mL，121℃高压灭菌 15min。

此培养基可供一般细菌培养之用，可倾注培养皿或制成斜面。如用于菌落计数，琼脂量为 1.5%；如做成培养皿或斜面，则应为 2%。

3. 试剂

（1）75% 乙醇。

（2）无菌生理盐水　称取 8.5g 氯化钠溶于 1000mL 蒸馏水中，121℃高压灭菌 15min。

（3）磷酸盐缓冲溶液

①贮存液：准确称取 34.0g 磷酸二氢钾溶于 500mL 蒸馏水中，用大约 175mL 1mol/L 氢氧化钠溶液校正 pH 到 7.2 后，再用蒸馏水稀释至 1000mL，贮存于冰箱备用。

②使用液：取磷酸盐缓冲溶液贮存液 1.25mL，用蒸馏水稀释至 1000mL，分装于适宜容器（每瓶 100mL 或每管 10mL）中，121℃高压灭菌 15min。

(三)实验步骤

1. 菌落总数的检测程序

菌落总数的检测程序见图 2-6。

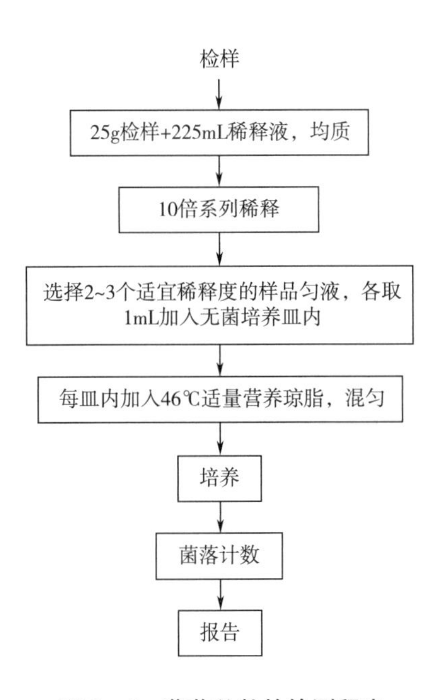

图 2-6 菌落总数的检测程序

2. 样品的处理

称取 25g 茶叶检样，以无菌操作手法将样品剪碎后，放入盛有 225mL 无菌稀释液(磷酸盐缓冲溶液或生理盐水)的无菌均质杯内，振摇 10min，再用均质器以 8000～10000r/min 的转速均质 1min，或放入盛有 225mL 无菌稀释液的无菌均质袋中，用拍击式均质器拍打 1～2min，制成 1:10 的样品匀液。

3. 样品匀液稀释度的选择

用 1mL 无菌吸管吸取 1:10 样品匀液 1mL，沿管壁徐徐注入盛有 9ml 无菌稀释液的无菌试管内，振摇试管或换用 1 支 1mL 无菌吸管反复吹打，使之混合均匀，制成 1:100 的稀释液；另取 1mL 无菌吸管，按上述操作顺序进行 10 倍系列稀释，如此每递增稀释 1 次，即换用 1 支无菌吸管。

4. 接种培养

根据对茶叶检样污染情况的估计，选择 2～3 个适宜稀释度的样品匀液，吸取 1mL 该稀释度的稀释液于无菌培养皿内，每个稀释度做三个重复。同时，分别吸取 1mL 空白稀释液加入三个无菌培养皿内作空白对照。

迅速将熔化后保温在 45℃的牛肉膏蛋白胨琼脂培养基 15～20mL 注入盛有稀释液的培养皿内，并转动培养皿使混合均匀；同时做空白对照。待琼脂凝固后，翻转培养皿，置(36±1)℃恒温培养箱内培养(48±2)h，取出培养皿。

5. 菌落计数

可用肉眼观察，必要时用放大镜或菌落计数器，计算培养皿内菌落数目，再乘以稀释倍数，即得1g样品所含菌落总数。菌落计数以菌落形成单位（colony - forming units，CFU）表示。

（1）培养皿菌落数的选择　选取菌落数在30～300CFU、无蔓延菌落生长的平板计数菌落总数。低于30CFU的平板记录具体菌落数，大于300CFU的可记录为多不可计。每个稀释度的菌落数应采用三个平板的平均数。

（2）其中一个平板有较大片状菌落生长时，则不宜采用，而应以无片状菌落生长的平板作为该稀释度的菌落数；若片状菌落不到平板的一半，而其余一半中菌落分布又很均匀，即可计算半个平板后乘以2，代表一个平板菌落数。

（3）当平板上有链状菌落生长时，如呈链状生长的菌落之间无任何明显界线，则应将每条链作为一个菌落计数；如存在几条不同来源的链，则每条链均应作为一个菌落计数，不要把链上生长的每一个菌落分开计数。

（四）结果与报告

选择培养皿菌落总数在30～300的稀释度，乘以稀释倍数报告菌落总数。报告方式见表2－8。

（1）当只有一个稀释度的平均菌落数在30～300CFU时，则以该平均菌落数乘以其稀释倍数计算，即为该茶样的菌落总数（表2－8，例1）。

（2）若有二个稀释度的平均菌落数在30～300CFU时，则按两者菌落总数之比值来决定。若其比值小2，则应取两者的平均数；若其比值大于2，则取其中较小的菌落数（表2－8，例2及例3）。

（3）若所有稀释度的平均菌落数均大于300CFU时，则应取稀释度最高的平均菌落数乘以其稀释倍数计算（表2－8，例4）。

（4）若所有稀释度的平均菌落数均小于30CFU时，则应取稀释度最低的平均菌落数乘以其稀释倍数计算（表2－8，例5）。

（5）若所有稀释度的培养皿均无菌落生长，则以小于1乘以其最低稀释倍数计算（表2－8，例6）。

（6）若所有稀释度的平均菌落数均不在30～300CFU时，则以最近300CFU或30CFU的平均菌落数乘以其稀释倍数计算（表2－8，例7）。

表2－8　稀释液及菌落总数报告

例次	稀释液及菌落总数			两稀释液之比	菌落总数/(CFU/g)	报告方式/(CFU/g)
	10^{-1}	10^{-2}	10^{-3}			
1	多不可记	164	20	—	16400	16000或1.6×10^4
2	多不可记	295	46	1.6	37750	38000或3.8×10^4
3	多不可记	271	60	2.2	27100	27000或2.7×10^4
4	多不可记	多不可记	413	—	413000	410000或4.1×10^5

续表

例次	稀释液及菌落总数			两稀释液之比	菌落总数（CFU/g）	报告方式（CFU/g）
	10^{-1}	10^{-2}	10^{-3}			
5	27	11	5	—	270	270 或 2.7×10^2
6	0	0	0	—	$<1\times10$	<10
7	多不可记	305	12	—	30500	31000 或 3.1×10^4

（五）注意事项

（1）整个操作规程要快而准，包括取材、加样、倒培养基等。

（2）样品处理液及随后的稀释一定要混匀。

（3）分装倒培养基前，瓶口要过火焰。

（4）一定要有空白对照。

（5）倒入培养皿内的培养基的温度要适当，倒入量要适宜，且皿内培养基薄厚要一致。

（6）检测时一定要使平皿完全暴露于空气中。

实验三十六　茶叶中大肠菌群的计数

大肠菌群是具有某些特性的一组与粪便污染有关的细菌。大肠菌群主要包括大肠埃希菌属、肠杆菌属、克雷伯菌属和柠檬酸杆菌属，其中以大肠埃希菌属为主，大肠埃希菌属俗称为典型大肠杆菌。大肠菌群都是直接或间接地来自人和温血动物的粪便。大肠菌群最初作为肠道致病菌而被用于水质检验，现已被我国和国外许多国家广泛用作食品卫生质量检验的指示菌。大肠菌群的食品卫生学意义是作为食品被粪便污染的指示菌，大肠菌群计数的高低，直接反映了茶叶被粪便污染的程度。

测定总大肠菌群的方法有多管发酵法、滤膜法、微生物检测仪等，本实验采用多管发酵法测定、MPN（most probable number，MPN）法计数。通过本实验的学习，应掌握茶叶中大肠杆菌的检验方法，了解被检茶样中大肠菌群数的高低，分析被检茶样的污染程度，为茶叶安全质量评价提供依据。

（一）实验原理

大肠菌群是以大肠杆菌为代表的杆状、无芽孢、需氧或兼性厌氧、革兰阴性，经37℃、24~48h 培养，发酵乳糖产酸产气，可区别于其他肠道菌的一类细菌。

月桂基硫酸盐胰蛋白胨（LST）肉汤培养基内有乳糖，乳糖能起选择作用，因为很多细菌不能发酵乳糖，而大肠菌群能发酵乳糖产酸产气。样品接种后于 36℃ 培养 24h，观察倒管内是否有气泡产生，产气者为阳性结果，进行复发酵试验（证实试验）；如未产气则继续培养至 48h（大肠菌群量少的情况下，能延迟 48h 后才产气），产气者进行复发酵试验。48h 后仍未产气者为大肠菌群阴性。复发酵试验与初发酵试验原理相同。

经过发酵法确定为大肠菌群阳性的，根据阳性管数检索最可能数表，得出样品中大肠菌群的最可能数值。茶叶中大肠菌群数是以每100g检样中大肠菌群最近似数最可能数来表示。

最可能数是基于泊松分布的一种间接计数方法。最可能数法是统计学和微生物学结合的一种定量检测法，适用于大肠菌群含量较低的食品中大肠菌群的计数。待测样品经系列稀释并培养后，根据其未生长的最低稀释度与生长的最高稀释度，应用统计学概率论推算出待测样品中大肠菌群的最大可能数。

（二）仪器与试剂

1. 仪器

冰箱、恒温培养箱、恒温水浴锅、均质器或灭菌乳钵、天平、菌落计数器、显微镜（“10×”~“100×”）、灭菌吸管、灭菌锥形瓶、灭菌玻璃珠、灭菌培养皿、灭菌试管、灭菌刀、剪刀、镊子等。

2. 培养基

（1）月桂基硫酸盐胰蛋白胨（LST）肉汤

①组成：胰蛋白胨或胰酪胨20.0g、乳糖5.0g、氯化钠5.0g、磷酸氢二钾2.75g、磷酸二氢钾2.75g、月桂基硫酸钠0.1g、蒸馏水1000mL。

②制法：分别将上述各成分溶解于蒸馏水中，调节pH至6.8±0.2。分装到有玻璃小倒管的试管中，每管10mL。121℃高压灭菌15min。

（2）煌绿乳糖胆盐（BGLB）肉汤

①组成：蛋白胨10.0g、乳糖10.0g、牛胆粉溶液200mL、0.1%煌绿水溶液13.3mL、蒸馏水800mL。

②制法：将蛋白胨、乳糖溶于约500mL蒸馏水中，加入牛胆粉溶液200mL（将20g脱水牛胆粉溶于200mL蒸馏水中，调节pH至7.0~7.5），用蒸馏水稀释到975mL，调节pH至7.2±0.1，再加入0.1%煌绿水溶液13.3mL，用蒸馏水补足到1000mL，用棉花过滤后，分装到有玻璃小倒管的试管中，每管10mL。121℃高压灭菌15min。

3. 试剂

（1）无菌生理盐水、磷酸盐缓冲溶液　配制方法见实验三十五。

（2）1mol/L NaOH溶液　称取40.0g氢氧化钠，溶于1000mL无菌蒸馏水中。

（3）1mol/L HCl溶液　移取浓盐酸83mL，用无菌蒸馏水稀释至1000mL。

（三）实验步骤

1. 大肠菌群的检测程序

大肠菌群MPN计数法的检测程序见图2-7。

2. 样品的处理

称取25g茶叶检样，以无菌操作手法将样品剪碎后，放入盛有225mL无菌稀释液（磷酸盐缓冲溶液或生理盐水）的无菌均质杯内，振摇10min，再用均质器以8000~10000r/min的转速均质1min，或放入盛有225mL无菌稀释液的无菌均质袋中，用拍击式均质器拍打1~2min，制成1:10的样品匀液。样品匀液的pH应在6.5~7.5，必要时

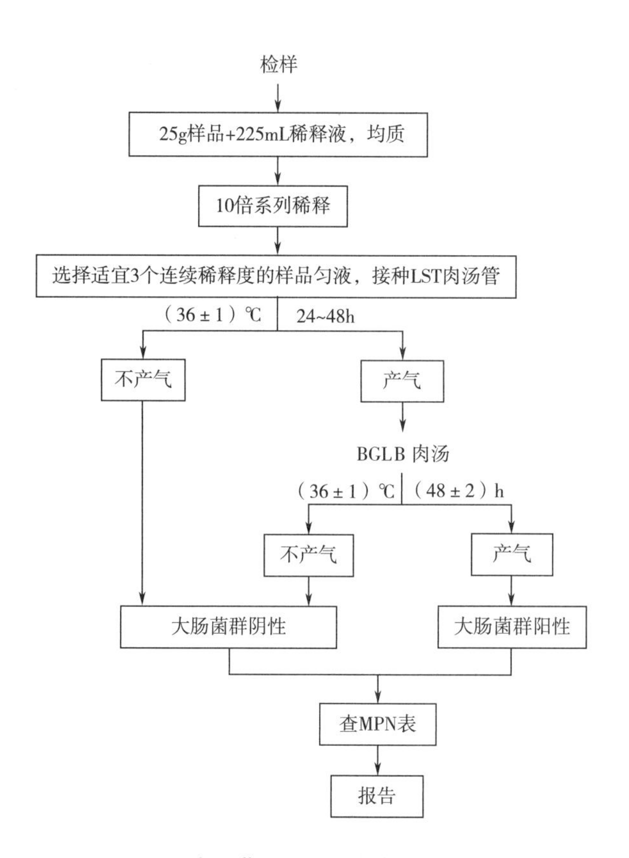

图 2－7　大肠菌群 MPN 法计数的检测程序

分别用 1mol/L NaOH 溶液或 1mol/L HCl 溶液调节。

3. 样品匀液稀释度的选择

用 1mL 无菌吸管吸取 1:10 的样品匀液 1mL，沿管壁缓缓注入盛有 9mL 无菌稀释液的无菌试管中（注意吸管或吸头尖端不要触及稀释液面），振摇试管或换用一支 1mL 无菌吸管反复吹打，使其混合均匀，制成 1:100 的样品匀液。

根据对样品污染状况的估计，按上述操作，依次进行十倍递增系列稀释。每递增稀释一次，换用一支 1mL 无菌吸管或吸头。从制备样品匀液至样品接种完毕，全过程不得超过 15min。

4. 培养

（1）乳糖初发酵试验　每个样品，选择 3 个适宜的连续稀释度的样品匀液，每个稀释度接种 3 管月桂基硫酸盐胰蛋白胨（LST）肉汤，每管接种 1mL（如接种量超过 1mL，则用双料 LST 肉汤），(36±1)℃培养（24±2）h，观察倒管内是否有气泡产生，（24±2）h 产气者进行复发酵试验（证实试验），如未产气则继续培养至（48±2）h，产气者进行复发酵试验。未产气者为大肠菌群阴性。

（2）复发酵试验（证实试验）　用接种环从产气的 LST 肉汤管中分别取培养物 1 环，移种于煌绿乳糖胆盐肉汤（BGLB）管中，(36±1)℃培养（48±2）h，观察产气情况。产气者，计为大肠菌群阳性管。

5. 大肠菌群计数

按确证的大肠菌群 BGLB 阳性管数，检索 MPN 表（表 2－9），报告每 1g 样品中大肠菌群的 MPN 值。

表 2－9　　最可能数（MPN）表

阳性管数			MPN	95% 可信限		阳性管数			MPN	95% 可信限	
0.10	0.01	0.001		下限	上限	0.10	0.01	0.001		下限	上限
0	0	0	<3.0	—	9.5	2	2	0	21	4.5	42
0	0	1	3.0	0.15	9.6	2	2	1	28	8.7	94
0	1	0	3.0	0.15	11	2	2	2	35	8.7	94
0	1	1	6.1	1.2	18	2	3	0	29	8.7	94
0	2	0	6.2	1.2	18	2	3	1	36	8.7	94
0	3	0	9.4	3.6	38	3	0	0	23	4.6	94
1	0	0	3.6	0.17	18	3	0	1	38	8.7	110
1	0	1	7.2	1.3	18	3	0	2	64	17	180
1	0	2	11	3.6	38	3	1	0	43	9	180
1	1	0	7.4	1.3	20	3	1	1	75	17	200
1	1	1	11	3.6	38	3	1	2	120	37	420
1	2	0	11	3.6	42	3	1	3	160	40	420
1	2	1	15	4.5	42	3	2	0	93	18	420
1	3	0	16	4.5	42	3	2	1	150	37	420
2	0	0	9.2	1.4	38	3	2	2	210	40	430
2	0	1	14	3.6	42	3	2	3	290	90	1000
2	0	2	20	4.5	42	3	3	0	240	42	1000
2	1	0	15	3.7	42	3	3	1	460	90	2000
2	1	1	20	4.5	42	3	3	2	1100	180	4100
2	1	2	27	8.7	94	3	3	3	>1100	420	—

注：①本表采用 3 个稀释度（0.1g、0.01g、0.001g），每个稀释度接种 3 管。

②表内所列检样量如改用 1g、0.1g 和 0.01g 时，表内数字应相应降低为 1/10；如改用 0.01g、0.001g 和 0.0001g 时，则表内数字应相应增大为 10 倍，其余类推。

实验三十七　茶叶中霉菌和酵母的计数

霉菌和酵母菌广泛分布于外界环境中，在食品上可以作为正常菌相的一部分，或者作为空气传播性污染物。茶叶遭受霉菌和酵母菌的侵染，常常发生霉坏变质；有些还能产生毒素，危害人体健康，因此霉菌和酵母通常也被作为食品卫生质量的指示菌。

GB 4789.15—2016《食品安全国家标准　食品微生物学检验　霉菌和酵母计数》规定了食品中霉菌和酵母的计数方法，适用于茶叶中霉菌和酵母的计数。通过学习霉菌和酵母的计数方法，在帮助学生增进茶叶安全卫生知识的同时，改善茶叶加工贮藏条件，保障茶叶安全卫生。

（一）实验原理

在不利于细菌生长的环境中，霉菌和酵母能成为优势菌，应用食品安全国家标准食品微生物学检验方法平板计数法，将茶样进行处理，在一定条件下培养后（如培养基成分、培养温度和时间、pH、需氧性质等），计算每1g茶样中所含霉菌和酵母菌菌落数。

（二）仪器与试剂

1. 仪器

恒温培养箱、拍击式均质器及均质袋、电子天平、无菌锥形瓶、无菌吸管、无菌试管、旋涡混合器、无菌平皿、恒温水浴箱、显微镜（“10×”~“100×”）、微量移液器及枪头、折光仪、郝氏计测玻片、盖玻片、测微器。

2. 培养基

（1）马铃薯葡萄糖琼脂

①组成：马铃薯（去皮切块）300.0g、葡萄糖20.0g、琼脂20.0g、氯霉素0.1g、蒸馏水1000mL。

②制法：将马铃薯去皮切块，加1000mL蒸馏水，煮沸10~20min。用纱布过滤，补加蒸馏水至1000mL。加入葡萄糖和琼脂，加热溶解，分装后，121℃灭菌15min，备用。倾注平板前，用少量乙醇溶解氯霉素后加入到培养基中。

（2）孟加拉红琼脂

①组成：蛋白胨5.0g、葡萄糖10.0g、磷酸二氢钾1.0g、无水硫酸镁0.5g、琼脂20.0g、孟加拉红0.033g、氯霉素0.1g、蒸馏水1000mL。

②制法：分别将上述各成分加入1000mL的蒸馏水中，加热溶解，补足蒸馏水至1000mL，分装后121℃灭菌15min，避光保存备用。

3. 试剂

（1）生理盐水　配制方法见实验三十五。

（2）磷酸盐缓冲液　配制方法见实验三十五。

（三）实验步骤

1. 方法一：霉菌和酵母平板计数法

（1）霉菌和酵母计数的检测程序　霉菌和酵母计数的检测程序见图2-8。

（2）样品的处理　称取25g茶叶检样，以无菌操作手法将样品剪碎后，放入盛有225mL无菌稀释液（磷酸盐缓冲溶液或生理盐水）的无菌均质杯内，振摇10min，再用均质器以8000~10000r/min的转速均质1min，或放入盛有225mL无菌稀释液的无菌均质袋中，用拍击式均质器拍打1~2min，制成1:10的样品匀液。

（3）样品匀液稀释度的选择　用1mL无菌吸管吸取1:10样品匀液1mL，沿管壁徐徐注入盛有9mL无菌稀释液的无菌试管内，振摇试管或换用一支1mL无菌吸管反复吹

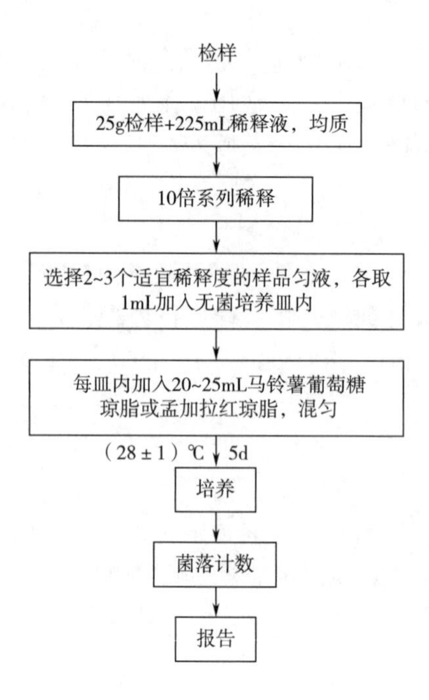

图2-8 霉菌和酵母计数的检测程序

打，使之混合均匀，制成1:100的稀释液。另取1mL无菌吸管，按上述操作顺序进行10倍系列稀释，如此每递增稀释一次，即换用一支无菌吸管。

（4）培养　根据对样品污染状况的估计，选择2~3个适宜稀释度的样品匀液，分别吸取每个稀释度的样品匀液1mL于3个无菌平皿内。同时分别取1mL无菌稀释液加入3个无菌平皿作空白对照。及时将20~25mL冷却至46℃的马铃薯葡萄糖琼脂或孟加拉红琼脂培养基（可放置于（46±1）℃恒温水浴箱中保温）倾注入培养皿内，并转动培养皿使混合均匀；置水平台面待培养基完全凝固。

待琼脂凝固后，翻转培养皿，置（28±1）℃恒温培养箱内培养，观察并记录培养至第5天的结果。

（5）菌落计数　用肉眼观察，必要时可用放大镜或低倍镜，记录稀释倍数和相应的霉菌和酵母菌落数，以菌落形成单位（CFU）表示。

（6）结果与报告　选取菌落数在10~150CFU的平板，根据菌落形态分别计数霉菌和酵母。霉菌蔓延生长覆盖整个平板的可记录为菌落蔓延。菌落数应采用3个平板的平均值。

①结果：计算同一稀释度的3个平板菌落数的平均值，再将平均值乘以相应稀释倍数。

若有2个稀释度的平板平均菌落数在10~150CFU时，则按照式（2-53）进行计算。

$$N = \frac{\sum C}{(n_1 + 0.1 \times n_2) \times d} \qquad (2-53)$$

式中　N——样品中菌落数

$\sum C$——平板菌落数之和

n_1——第一稀释度（低稀释倍数）平板个数

n_2——第二稀释度（高稀释倍数）平板个数

d——稀释因子（第一稀释度）

若所有平板上菌落数均大于150CFU，则对稀释度最高的平板进行计数，其他平板可记录为多不可计，结果按平均菌落数乘以最高稀释倍数计算。

若所有平板上菌落数均小于10CFU，则应按稀释度最低的平均菌落数乘以稀释倍数计算。

若所有稀释度平板均无菌落生长，则以小于1乘以最低稀释倍数计算。

若所有稀释度的平板菌落数均不在10~150CFU，其中一部分小于10CFU或大于150CFU时，则以最接近10CFU或150CFU的平均菌落数乘以稀释倍数计算。

②报告：菌落数按“四舍五入”原则修约。

菌落数在10以内时，采用1位有效数字报告；菌落数在10~100时，采用2位有效数字报告。

菌落数大于或等于100时，前第3位数字采用“四舍五入”原则修约后，取前2位数字，后面用0代替位数来表示结果；也可用10的指数形式来表示，此时也按“四舍五入”原则修约，采用2位有效数字。

若空白对照平板上有菌落出现，则此次检测结果无效。

称量取样以CFU/g为单位报告，体积取样以CFU/mL为单位报告，报告或分别报告霉菌和/或酵母数。

2. 方法二：霉菌直接镜检计数法

（1）样品的制备　取适量样品，加蒸馏水稀释至折光指数为1.3447~1.3460（即浓度为7.9%~8.8%），备用。

（2）显微镜标准视野的校正　将显微镜按放大率90~125倍调节标准视野，使其直径为1.382mm。

（3）涂片　洗净郝氏计测玻片，将制好的标准液，用玻璃棒均匀的涂布于计测室，加盖玻片，以备观察。

（4）观测　将制好的载玻片置于显微镜标准视野下进行观测。一般每一样品每人观察50个视野。同一检样应由两人进行观察。

（5）结果与计算　在标准视野下，发现有霉菌菌丝其长度超过标准视野（1.382mm）的1/6或三根菌丝总长度超过标准视野的1/6（即测微器的一格）时即记录为阳性（+），否则记录为阴性（-）。

（6）报告　每100个视野中全部阳性视野数为霉菌的视野百分数。

实验三十八　茶叶中金黄色葡萄球菌的检测

金黄色葡萄球菌（*Staphylococcus aureus*，简写*S. aureus*）隶属于葡萄球菌属，是革兰阳性菌代表，为一种常见的食源性致病微生物，广泛存在于自然环境中。金黄色葡萄球菌在适当的条件下能够产生引起急性肠胃炎的肠毒素。如果金黄色葡萄球菌在食品中大量繁殖，有可能引起食物中毒，故食品中存在金黄色葡萄球菌对人的健康是一种潜在危险，检验食品中金黄色葡萄球菌及数量具有实际意义。

本实验采用 MPN 法计数金黄色葡萄球菌。通过本实验的学习，掌握金黄色葡萄球菌群的生物学特性，掌握茶叶中金黄色葡萄球菌群检验的方法和技术，分析被检茶样的安全质量，为茶叶安全质量评价提供依据。

（一）实验原理

金黄色葡萄球菌为一种革兰染色阳性球形菌，无芽孢、鞭毛，大多数无荚膜，在显微镜下排列成葡萄串状，是常见的引起食物中毒的致病菌。金黄色葡萄球菌最适宜生长温度为37℃，pH 为7.4，耐高盐，可在盐浓度接近10%的环境中生长。

金黄色葡萄球菌在培养基中菌落特征表现为圆形，菌落表面光滑，颜色为无色或者金黄色，无扩展生长特点。金黄色葡萄球菌能产生凝固酶，使血浆凝固，多数致病菌株能产生溶血毒素，使血琼脂平板菌落周围出现溶血环，在试管中出现溶血反应。这是鉴定致病性金黄色葡萄球菌的重要指标。将金黄色葡萄球菌培养在哥伦比亚血平板中，在光下观察菌落会发现周围产生了透明的溶血圈。

采用 MPN 法计数金黄色葡萄球菌时。待测样品经系列稀释并培养后，根据其未生长的最低稀释度与生长的最高稀释度，应用统计学概率论推算出待测样品中金黄色葡萄球菌的最大可能数。

（二）仪器与试剂

1. 仪器

冰箱、恒温培养箱、恒温水浴锅、均质器或灭菌乳钵、天平、菌落计数器、显微镜（“10×”~“100×”）、灭菌吸管、灭菌锥形瓶、灭菌玻璃珠、灭菌培养皿、灭菌试管、灭菌刀、剪刀、镊子等。

2. 培养基

（1）7.5%氯化钠肉汤

①组成：蛋白胨10.0g、牛肉膏5.0g、氯化钠75.0g和蒸馏水1000mL。

②制法：将上述各成分加热溶解，调节 pH 至 7.4±0.2，分装，每瓶 225mL，121℃高压灭菌15min。

（2）血琼脂平板

①组成：豆粉琼脂（pH 7.5±0.2）100mL和脱纤维羊血（或兔血）5~10mL。

②制法：加热溶化琼脂，冷却至50℃，以无菌操作加入脱纤维羊血，摇匀，倾注平板。

（3）Baird－Parker 琼脂平板

①组成：胰蛋白胨10.0g、牛肉膏5.0g、酵母膏1.0g、丙酮酸钠10.0g、甘氨酸12.0g、氯化锂（$LiCl \cdot 6H_2O$）5.0g和琼脂20.0g和蒸馏水950mL。

②卵黄增菌剂的配法：30%卵黄盐水50mL与经过除菌滤膜过滤的1%亚碲酸钾溶液10mL混合，保存与冰箱内。

③制法：将各成分加到蒸馏水中，加热煮沸至完全溶解，调节 pH 至7.0±0.2。分

装每瓶95mL，121℃高压灭菌15min。临用时加热溶化琼脂，冷至50℃，每95mL加入预热至50℃的卵黄亚碲酸钾增菌剂5mL，摇匀后倾注平板。培养基应是致密不透明的。使用前在冰箱储存不得超过48h。

（4）脑心浸出液肉汤（BHI）

①组成：胰蛋白质胨10.0g、氯化钠5.0g、磷酸氢二钠（$Na_2HPO_4 \cdot 12H_2O$）2.5g、葡萄糖2.0g和牛心浸出液500mL。

②制法：将上述各成分加热溶解，调节pH至7.4±0.2，分装16mm×160mm试管，每管5mL置121℃，15min灭菌。

（5）兔血浆

①3.8%柠檬酸钠溶液配制：取柠檬酸钠3.8g，加蒸馏水100mL，溶解后过滤，装瓶，121℃高压灭菌15min。

②兔血浆制备：取3.8%柠檬酸钠溶液一份，加兔全血4份，混好静置（或以3000r/min离心30min），使血液细胞下降，即可得血浆。

（6）营养琼脂小斜面

①组成：蛋白胨10.0g、牛肉膏3.0g、氯化钠5.0g、琼脂15.0~20.0g和蒸馏水1000mL。

②制法：将除琼脂以外的各成分溶解于蒸馏水内，加入15%氢氧化钠溶液约2mL调节pH至7.3±0.2。加入琼脂，加热煮沸，使琼脂溶化，分装13mm×130mm试管，121℃高压灭菌15min。

3. 试剂

（1）无菌生理盐水、磷酸盐缓冲溶液　配制方法见实验三十五。

（2）革兰染色液

①结晶紫染色液：

组成：结晶紫1.0g、95%乙醇20.0mL、1%草酸铵水溶液80.0mL。

制法：将结晶紫完全溶解于乙醇中，然后与草酸铵溶液混合。

②革兰碘液：

组成：碘1.0g、碘化钾2.0g、蒸馏水300mL。

制法：将碘与碘化钾先行混合，加入蒸馏水少许充分振摇，待完全溶解后，再加蒸馏水至300mL。

③沙黄复染液：

组成：沙黄0.25g、95%乙醇10.0mL、蒸馏水90.0mL。

制法：将沙黄溶解于乙醇中，然后用蒸馏水稀释。

④染色法：

涂片在火焰上固定，滴加结晶紫染液，染1min，水洗。

滴加革兰碘液，作用1min，水洗。

滴加95%乙醇脱色15~30s，直至染色液被洗掉，不要过分脱色，水洗。

滴加复染液，复染1min，水洗、待干、镜检。

（三）实验步骤

1. 金黄色葡萄球菌 MPN 计数的检测程序

检测程序见图 2－9。

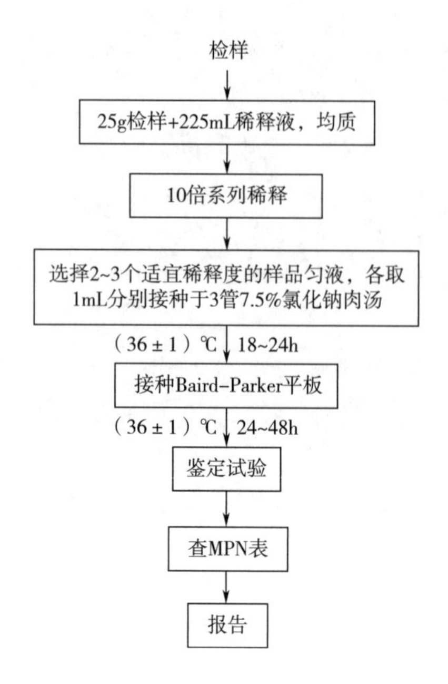

图 2－9 金黄色葡萄球菌 MPN 法检测程序

2. 样品的处理

称取 25g 茶叶检样，以无菌操作手法将样品剪碎后，放入盛有 225mL 无菌稀释液（磷酸盐缓冲溶液或生理盐水）的无菌均质杯内，振摇 10min，再用均质器以 8000～10000r/min 的转速均质 1min，或放入盛有 225mL 无菌稀释液的无菌均质袋中，用拍击式均质器拍打 1～2min，制成 1:10 的样品匀液。

3. 样品匀液稀释度的选择

用 1mL 无菌吸管吸取 1:10 的样品匀液 1mL，沿管壁缓缓注入盛有 9mL 无菌稀释液的无菌试管中（注意吸管或吸头尖端不要触及稀释液面），振摇试管或换用一支 1mL 无菌吸管反复吹打，使其混合均匀，制成 1:100 的样品匀液。另取 1mL 无菌吸管，按上述操作，依次进行十倍递增系列稀释。每递增稀释一次，换用一支无菌吸管。

4. 接种和培养

根据对茶叶检样污染情况的估计，选择 2～3 个适宜稀释度的样品匀液，在进行 10 倍递增稀释的同时，每个稀释度分别接种 1mL 的样品匀液至 7.5% 氯化钠肉汤管（如接种量超过 1mL，则用双料 7.5% 氯化钠肉汤），每个稀释度接种 3 管，将上述接种物 (36±1)℃培养，18～24h。

用接种环从培养后的 7.5% 氯化钠肉汤管中分别取培养物 1 环，移种于 Baird－Parker 平板（36±1)℃培养 24～48h。

5. 初步确认

金黄色葡萄球菌在 Baird - Parker 平板上呈圆形，表面光滑、凸起、湿润、菌落直径为 2 ~ 3mm，颜色呈灰黑色至黑色，有光泽，常有浅色（非白色）的边缘，周围绕以不透明圈（沉淀），其外常有一清晰带。当用接种针触及菌落时具有黄油样黏稠感。有时可见到不分解脂肪的菌株，除没有不透明圈和清晰带外，其他外观基本相同。从长期贮存的冷冻或脱水食品中分离的菌落，其黑色常较典型菌落浅些，且外观可能较粗糙，质地较干燥。

在血平板上，金黄色葡萄球菌形成菌落较大，圆形、光滑凸起、湿润、金黄色（有时为白色），菌落周围可见完全透明溶血圈。

从典型菌落中至少选 5 个可疑菌落（小于 5 个全选）进行鉴定试验。分别做染色镜检及血浆凝固酶试验。

6. 鉴定

（1）染色镜检　金黄色葡萄球菌为革兰阳性球菌，排列呈葡萄球状，无芽孢，无荚膜，直径约为 0.5 ~ 1μm。

（2）血浆凝固酶试验　挑取 Baird - Parker 平板或血平板上至少 5 个可疑菌落（小于 5 个全选），分别接种到 5mL BHI 和营养琼脂小斜面，(36 ± 1)℃培养 18 ~ 24h。

取新鲜配制兔血浆 0.5mL，放入小试管中，再加入 BHI 培养物 0.2 ~ 0.3mL，振荡摇匀，置（36 ± 1）℃温箱或水浴箱内，每半小时观察一次，观察 6h，如呈现凝固（即将试管倾斜或倒置时，呈现凝块）或凝固体积大于原体积的一半，被判定为阳性结果。同时以血浆凝固酶试验阳性和阴性葡萄球菌菌株的肉汤培养物作为对照。也可用商品化的试剂，按说明书操作，进行血浆凝固酶试验。

结果如可疑，挑取营养琼脂小斜面的菌落到 5mL 脑心浸出液肉汤，(36 ± 1)℃培养 18 ~ 48h，重复试验。

7. 结果与报告

根据证实为金黄色葡萄球菌阳性的试管管数，查 MPN 检索表（表 2 - 9），报告每 1g 样品中金黄色葡萄球菌的最可能数，以 MPN/g 表示。

第五节　茶叶生物活性成分的分离制备

实验三十九　茶多酚的分离制备

茶多酚是茶叶中所有多元酚类物质的混合物，是茶叶中含量最为丰富的物质。茶多酚因具有抗氧化、清除自由基、抗癌、抗辐射、降脂、减肥等多种生理功能而被广泛用于食品、医药、保健品和化妆品等多个领域，有必要从茶叶中提取制备茶多酚。

茶多酚的分离制备技术主要有溶剂萃取法、沉淀分离法、色谱分离法和膜分离法等。本实验采用溶剂萃取法和沉淀分离法制备茶多酚。通过本实验的学习，应掌握茶多酚分离制备的基本要领和操作方法，进一步熟悉茶多酚的理化特性，并能根据所学知识自行设计茶多酚的制备方法。

（一）实验原理

茶树新梢中所发现的多酚类物质主要由儿茶素类（黄烷醇类）、黄酮及黄酮苷类、花青素及花白素类、酚酸及缩酚酸类组成，其中以儿茶素类含量最高，占茶多酚总量的70%~80%。茶多酚是指这类存在于茶叶中的多羟基酚性化合物的混合物，有广义和狭义之分。广义上的茶多酚指来源于茶的多酚类物质，包括绿茶、红茶、乌龙茶、黑茶等来源的多酚类物质；狭义上的茶多酚即现在通常概念上所指的，从绿茶中提取的以儿茶素（特别是酯型儿茶素）为主体的多酚类物质。

茶多酚主体成分儿茶素为白色固体，亲水性较强，易溶于热水、含水乙醇、甲醇、含水乙醚、乙酸乙酯、含水丙酮及冰醋酸等溶剂，但在苯、氯仿、石油醚等溶剂中很难溶解。黄酮及黄酮醇一般难溶于水，较易溶于有机溶剂，如甲醇、乙醇、乙酸乙酯及冰醋酸等溶剂，但在苯、氯仿等溶剂中难溶或不溶。相对于儿茶素的溶解性，花青素、花白素、酚酸及缩酚酸均较易溶于水。

茶多酚的提取主要根据茶多酚类化合物的溶解性，一般采用水或甲醇、乙醇、丙酮、乙酸乙酯等有机溶剂来提取。常用的浸提溶剂有水、甲醇、乙醇、丙酮、乙酸乙酯等。不同提取溶剂提取能力排序：含水低级醇或丙酮 > 热水 > 无水有机溶剂（乙醚、丙酮、乙酸乙酯、甲醇、乙醇）。

由茶叶中提取出来的茶多酚往往含有咖啡因、可溶性糖、氨基酸等多种杂质，而且茶多酚类化合物的组分繁多，需要根据不同的产品需求对茶多酚溶液进行分离纯化。

溶剂萃取法是利用茶多酚在两种互不相溶（或微溶）的溶剂中溶解度或分配系数的不同，使茶多酚从一种溶剂中转移到另一种溶剂中。经过反复多次萃取，将绝大部分的茶多酚提取出来。溶剂萃取法是茶多酚传统的分离制备方法。

沉淀分离法是利用茶多酚在一定介质条件下可以与某些无机碱、盐形成沉淀的性质来分离茶多酚。茶多酚制备常用的沉淀分离法主要是利用茶多酚和金属离子生成难溶化合物而沉淀，从而使茶多酚与浸提液中的其他成分相分离，所得沉淀物再通过酸转溶和溶剂萃取等步骤制得茶多酚成品。

（二）仪器与试剂

1. 主要仪器

分析天平、恒温水浴锅、鼓风电热恒温干燥、旋转蒸发仪、离心机、回流冷凝管、干燥器、分液漏斗、常规玻璃器皿等。

2. 主要试剂及其配制

（1）除另有说明外，本实验用水均为蒸馏水，所用试剂均为化学纯。

（2）0.1mol/L 碳酸钠溶液　准确称取 1.06g Na_2CO_3 于小烧杯中，加少量水溶解，定容至 100mL。

（3）3mol/L 盐酸溶液　取 24.6mL 浓盐酸（相对密度为 1.19，优级纯），以水稀释、定容至 100mL。

（4）15%碳酸氢钠溶液（质量体积比）　准确称取 15.00g 碳酸氢钠粉末于烧杯中，加少量水溶解，稀释、定容至 100mL。

（三）实验步骤

1. 试样预处理

杀青后干茶样或绿茶茶样经粉碎机粉碎，过 30 目筛，避光保存备用。

2. 提取

准确称取粉碎茶样 10g 于磨口圆底烧瓶中，按茶水比（1:15）~（1:20）加入热的 80% 乙醇或水，连接回流冷凝管，于 40℃ 水浴上提取 20min（80% 乙醇），或于 95℃ 水浴上提取 10min（水），浸提 2 次，合并浸提液，趁热抽滤，冷却滤液，即得茶多酚浸提液。

3. 浓缩

将茶多酚浸提液用旋转蒸发仪真空浓缩至原体积的 1/3。

4. 纯化

（1）溶剂萃取法

①氯仿萃取：取 75mL 浓缩液于 250mL 分液漏斗中，加入等体积氯仿萃取，静置分层，水相用等体积氯仿再次萃取，连续 3 次。

②乙酸乙酯萃取：将上述水相转入分液漏斗，加入等体积乙酸乙酯，连续萃取 3 次，合并有机相。

③浓缩、干燥：将上述有机相用旋转蒸发仪真空浓缩至黏稠状，用少量水将茶多酚溶解，转移至已知重量的玻璃烘皿中，于 50 ~ 60℃ 真空干燥，加盖取出，于干燥器内冷却至室温，称量。

（2）沉淀分离法

①沉淀：取浓缩后的茶多酚浸提液 50mL 于小烧杯中，加入 2.0g 氯化锌沉淀剂。用 0.1mol/L Na_2CO_3 调节 pH 至 6.5，室温沉淀 40min，待沉淀完全后，4000r/min 离心 15min，得茶多酚 - 金属盐沉淀。

②酸转溶：将茶多酚 - 金属盐沉淀物移至烧杯中，加入约 2 倍体积的蒸馏水混匀，室温下搅拌滴加 3mol/L HCl 溶液，待沉淀物溶解后，离心去除少量胶状沉淀。

③盐析：向转溶后的茶多酚酸溶液中加入 NaCl 颗粒，当质量分数达到约 4% 时，离心去除絮状沉淀，所得上清液用 15% $NaHCO_3$ 溶液（质量体积比）调节 pH 至 5.0。

④萃取：在室温下向上述茶多酚酸溶液中加入等体积乙酸乙酯，连续萃取 3 次，合并酯相。

⑤干燥：将上述酯相用旋转蒸发仪真空浓缩至黏稠状，用少量水将茶多酚溶解，转移至已知质量的玻璃烘皿中，于 50 ~ 60℃ 真空干燥，加盖取出，于干燥器内冷却至室温，称量。

（四）结果计算

1. 茶多酚得率计算

茶多酚得率以干态质量分数（%）表示，按式（2 - 54）计算：

$$\text{茶多酚得率} = \frac{m_1 - m_2}{m_0 \times \omega} \times 100\% \qquad (2-54)$$

式中　m_0——试样质量，g

m_1——茶多酚和玻璃烘皿的质量，g

m_2——玻璃烘皿质量，g

ω——试样干物质含量，%

2. 茶多酚纯度的测定

茶多酚纯度参照 GB/T 8313—2018《茶叶中茶多酚和儿茶素类含量的检测方法》进行测定。

（五）注意事项

（1）提取茶多酚常以安全廉价的热水、含水乙醇（工业上常用食用酒精）为提取溶剂。与热水浸提相比，高浓度的含水乙醇可避免水溶性的果胶和蛋白质等杂质的混入，但会显著增加脂溶性色素的含量。

（2）茶多酚制备用溶剂萃取法时，当利用含水甲醇或含水乙醇作为浸提溶剂时，提取后应减压浓缩去除提取液中的有机溶剂，以便后续的有机溶剂萃取时能保证水相和有机相的正常分层，并达到去杂或提纯的目的。

（3）茶多酚浸提液中含有多种杂质，而普通溶剂萃取法选择性较差，因此在液－液萃取分离茶多酚前可对茶多酚浸提液进行纯化、除杂，如用氯仿脱除咖啡因、活性炭脱色、石油醚去除色素等。

（4）因儿茶素、黄酮及黄酮醇在氯仿中难溶，而咖啡因和脂溶性色素易溶，因此，制备茶多酚时常用氯仿来脱除茶多酚浸提液中的咖啡因和脂溶性色素等物质。当用氯仿萃取脱除咖啡因或脂溶性色素时，振摇应适度，以免产生乳浊而导致两相不能分层；若出现乳浊可采用温浴或离心等办法破除乳浊。另外，氯仿对人体具有中等毒性，若采用氯仿去杂制备茶多酚在食品、药品、日化用品等领域使用时，应采用适当的方法如活性炭吸附法以去除产品中氯仿的残留，以满足产品质量的需要。

（5）茶多酚分子结构中具有多个酚羟基，在高温、光、碱性、重金属离子等环境因素影响下易氧化褐变，因此，在提取过程中应尽量避免这些因素的影响；为了提高茶多酚的得率和品质，缩短生产时间，提取时可采取一些高效浸提技术如微波辅助浸提法、超声波辅助浸提法等。在干燥工序，采用真空干燥可有效避免成品的氧化褐变现象，有条件的实验室可采用冷冻干燥。

（6）成品茶多酚制品具有一定的吸湿性，应避免长时间暴露在空气中，以防吸潮氧化，且应储存在低温、低湿、避光、防潮、无氧的环境。

（7）由于茶多酚可与 Ca^{2+}、Mg^{2+}、Fe^{3+} 等络合，因此茶多酚分离制备中所用水源建议采用去离子水、蒸馏水或三级水。

（8）用沉淀分离法制备茶多酚时，要慎用 Fe^{3+}、Cu^{2+} 等具有氧化性的盐离子，否则易造成茶多酚的过度氧化。

实验四十　咖啡因的分离制备

咖啡因是一种重要的食品添加剂和药用原料，在饮料、食品及医学等方面有广泛的应用价值。咖啡因是茶叶的主要成分之一，占茶叶干物质重的 2%～4%，且我国茶资源丰富，因此茶叶成为提取制备天然咖啡因的重要来源。

目前以茶叶为原料制备咖啡因的方法主要有升华法、溶剂萃取法、柱层析法和超临界CO_2萃取法等。升华法和溶剂萃取法在生产中目前得到广泛应用，本实验采用升华法和溶剂萃取法制备咖啡因。通过本实验的学习，应了解咖啡因分离制备的基本概况，掌握咖啡因常规分离制备方法的基本原理和操作方法。

（一）实验原理

咖啡因为具有绢丝光泽的白色针状结晶体，失去结晶水后成白色粉末。咖啡因能溶于水，易溶于80℃以上热水，易溶于氯仿、二氧甲烷，能溶于乙醇、丙酮、乙酸乙酯和冷水，较难溶于苯和乙醚。溶剂萃取法就是利用咖啡因在氯仿、乙酸乙酯等溶剂中的溶解度差异来制备咖啡因。在传统的溶剂萃取法制备茶多酚的过程中，为防止茶多酚中咖啡因含量过高，先用氯仿或二氧甲烷脱除茶汤中咖啡因后，再用乙酸乙酯来萃取茶多酚。

咖啡因熔点为235~238℃，在120℃以上开始升华，到180℃可大量升华成针状结晶。升华法就是利用咖啡因的升华特性，利用相应升华装置来制备咖啡因产品。

（二）仪器与试剂

1. 主要仪器

分析天平、恒温水浴锅、粉碎机、回流冷凝管、抽滤装置或离心机、旋转蒸发仪、可调电加热板、砂浴加热装置或电加热套、蒸发皿、真空干燥箱、干燥器、分液漏斗、常规玻璃器皿等。

2. 主要试剂及其配制

（1）除另有说明外，本实验用水均为蒸馏水，所用试剂均为化学纯。

（2）10%醋酸铅溶液　称取11.662g三水合醋酸铅［$(CH_3COO)_2Pb\cdot 3H_2O$］于烧杯中，先用少量醋酸溶解，再加水稀释、定容至100mL。

（三）实验步骤

1. 试样预处理

茶样经粉碎机粉碎，过30目筛，避光保存备用。

2. 提取

准确称取粉碎茶样10g于磨口圆底烧瓶中，向烧瓶内加入热蒸馏水150mL，连接回流冷凝管，水浴回流提取20min，趁热抽滤或离心；将滤渣全部移入圆底烧瓶中，再加100mL蒸馏水回流提取2次，提取10min，抽滤或离心，合并3次提取液。

3. 纯化

（1）升华法

①浓缩：将咖啡因提取液用旋转蒸发仪真空浓缩至30mL。

②升华：将咖啡因浓缩液转移至蒸发皿中，将蒸发皿移至可调电加热板上，小火加热蒸干残余水分（不必太干），停止加热；向蒸发皿中加入CaO 2.0g或NaAc 4.0g，用玻棒搅拌均匀，研碎。将蒸发皿移至砂浴或电加热套中，在蒸发皿上加一张穿有很多小孔的滤纸，然后将大小合适的玻璃漏斗倒扣在滤纸上，漏斗口塞入适量棉花，控制砂浴或电加热套温度在220℃左右，咖啡因慢慢升华并凝集在滤纸上，停止加热，冷

却后收集咖啡因。

(2) 溶剂萃取法

①除杂：向上述提取液中加入 1/8～1/10 体积的 10% 醋酸铅溶液，搅拌，静置，抽滤，取滤液。

②浓缩：将除杂后滤液用旋转蒸发仪真空浓缩至 1/4 体积。

③溶剂萃取：将浓缩后咖啡因转至分液漏斗中，加入等体积氯仿，剧烈振荡，静置分层，分离氯仿层；加入等体积氯仿再萃取一次；合并氯仿萃取液。

④回收氯仿：将氯仿萃取液用旋转蒸发仪减压浓缩至干，回收氯仿。

⑤干燥：用少量水将圆底烧瓶中的咖啡因溶解，转移至已知质量的玻璃烘皿中，于 50～60℃ 真空干燥，加盖取出，于干燥器内冷却至室温，称量。

(四) 结果计算

1. 咖啡因得率计算

$$\text{咖啡因得率} = \frac{m}{m_0 \times \omega} \times 100\% \qquad (2-55)$$

式中 m_0——试样质量，g

m——咖啡因成品质量，g

ω——试样干物质含量，%

2. 咖啡因含量的测定

咖啡因纯度测定，采用分光光度法或高效液相色谱法，具体参见 GB/T 8312—2013《茶　咖啡因的测定》。

(五) 注意事项

(1) 溶剂萃取法制备咖啡因工艺相对复杂，所得产品纯度不高，需要进行精制以获得纯品。粗咖啡因纯化方法：将所得粗咖啡因重新溶于 80% 的乙醇中，加热至 50℃ 让其充分溶解，冷却过滤得晶体，再经重结晶后干燥得咖啡因精品。

(2) 溶剂萃取法制备咖啡因具有易操作、成本低廉、得率高等特点；但是由于溶剂萃取法中常用二氯甲烷或氯仿作为萃取试剂，氯仿或二氯甲烷对人有一定的毒性和麻醉作用，使用时要注意安全，最好在通风橱中进行；咖啡因制品中氯仿等的残留也会导致产品存在安全性隐患。

(3) 升华法制备咖啡因时尽量采用砂浴加热，并要控制温度使其缓慢升华。

(4) 利用升华法制备咖啡因，由于升华的咖啡因定向定位富集困难，收集时损耗较大，产品得率不高。

实验四十一　茶黄素的分离制备

茶黄素是红茶茶汤中色泽橙黄、滋味辛辣、具有收敛性的一类水溶性色素，主要由儿茶素氧化缩合而成的一类具有苯骈卓酚酮结构的化合物的总称。红茶中茶黄素含量占固形物总量的 1%～5%，与红茶品质密切相关。

现代研究表明茶黄素具有优良的生物学活性，在某些方面的药理作用甚至要强于儿茶素，被誉为茶叶中的“软黄金”，已被用于防治心脑血管疾病、动脉粥样硬化、降血脂、降血压等药物的原料；作为天然色素和天然抗氧化剂，茶黄素还广泛用于食品、保健、日化等行业，因此，茶黄素的分离制备受到越来越多的关注。

茶黄素的分离制备方法主要有直接萃取法和体外氧化分离制备法。本实验采用直接萃取法分离制备茶黄素。通过本实验的学习，应了解茶黄素分离制备的基本概况，掌握茶黄素粗品的常规提取分离和茶黄素单体的柱层析技术、高速逆流色谱分离技术的基本要领和操作方法。

（一）实验原理

纯品茶黄素为橙黄色针状结晶，粗品因茶黄素含量的高低差异，其颜色呈现为淡黄、金黄、褐色等变化。茶黄素易溶于热水、甲醇、乙醇、乙酸乙酯、正丁醇、丙酮、4－甲基戊酮，不溶于氯仿、二氯甲烷、苯，难溶于乙醚。茶黄素水溶液为鲜明的橙黄色，呈弱酸性（pH 约为 5.7）。

茶黄素性质活泼，容易被氧化，热稳定性较差，并且在碱性溶液中有自动氧化的倾向，且随 pH 升高自动氧化速度加快；在茶汤中易与咖啡因等物质络合产生“冷后浑”。

茶黄素的常规制备方法是直接萃取法，其原理是利用茶黄素易溶于乙酸乙酯的特性，将其从红茶汤中进行分离制备。即以红茶为原料制备红茶汤，先用氯仿除去脂溶性色素及咖啡因，再用乙酸乙酯直接萃取，萃取液经干燥后得茶黄素粗品，习惯称之为茶色素，其主要组分除茶黄素外，还含有定量的儿茶素和茶红素。

直接萃取法利用溶剂浸提，工艺相对简单，生产成本较低，为实验室常用的茶黄素制备方法。由于红茶中茶黄素含量较低，只有 0.5%～5%，特别是我国的小叶种红茶，其茶黄素含量仅为 0.3%～1.5%，经萃取后，茶黄素含量一般均低于市场所要求的 20%。

茶黄素纯品的分离制备方法主要有传统的柱层析法、制备性高效液相色谱法及高速逆流色谱法，即以茶黄素粗品为原料，通过柱层析、高速逆流色谱或制备性高效液相色谱等手段得到茶黄素混合物纯品或茶黄素单体。

高速逆流色谱（HSCCC）是 20 世纪 80 年代发展起来的一种连续高效的液－液分配色谱分离技术，可实现连续有效的分配。高速逆流色谱是利用特殊的流体动力学（单向流体动力学平衡）现象，使两种互不相溶的溶剂相在高速旋转的螺旋管中单向分布，其中一相作为固定相，由恒流泵输送载着样品的流动相穿过固定相，利用样品在两相中分配系数的不同实现分离。

由于高速逆流色谱的固定相和流动相都是液体，没有不可逆吸附，具有样品无损失、无失活、无变性、无污染、高效、快速、成本低、分离效果好和操作简单等优点，已成为茶黄素分离纯化的一种有效手段之一。由于茶黄素单体之间性质接近，难以用一种方法就可得到茶黄素单体，往往需要 Sephadex LH－20 柱层析配合使用才可实现高纯茶黄素单体的分离制备。

（二）仪器与试剂

1. 主要仪器

分析天平、超声波提取器、抽滤装置、旋转蒸发仪、高速逆流色谱仪、高效液相色谱仪、紫外可见分光光度计、蠕动泵、自动部分收集器、粉碎机、真空干燥箱、分液漏斗、常规玻璃器皿等。

2. 主要试剂

（1）除另有说明外，本实验用水均为蒸馏水。

（2）氯仿、乙酸乙酯为化学纯。

（3）95%乙醇为分析纯。

（4）高速逆流色谱与液相色谱所用乙酸乙酯、正己烷、甲醇、醋酸、乙腈均为色谱纯，水为超纯水。

（三）实验步骤

1. 试样预处理

红茶茶样经粉碎机粉碎，过30目筛，避光保存备用。

2. 提取

取粉碎茶样10.00g，按1:20茶水比加入沸蒸馏水，超声提取30min，抽滤；滤渣在相同条件下再重复提取2次，合并滤液。

3. 浓缩

将滤液在50~60℃减压浓缩至原体积的1/4。

4. 茶黄素粗品的制备

（1）氯仿萃取去杂　将浓缩液置于分液漏斗中，加入等体积氯仿萃取，连续萃取3次。萃余水相，用热风或减压浓缩去除残余氯仿。

（2）乙酸乙酯萃取　将上述水相转入分液漏斗，加入等体积乙酸乙酯，连续萃取3次，合并有机相。

（3）浓缩　将上述有机相在40~50℃减压浓缩至黏稠状，停止浓缩。

（4）干燥　向蒸馏瓶内加入适量95%乙醇溶解黏稠浆液，将醇溶液转入蒸发皿，70℃真空干燥，得红棕色茶黄素粗品粉末，将蒸发皿置干燥器内冷却，称量，低温避光密闭保存。

5. 高速逆流色谱分离制备茶黄素单体

（1）溶剂系统　将乙酸乙酯-正己烷-甲醇-水按体积比3:1:1:6进行混合，混合液置于分液漏斗中，充分振荡后分层，取上相为固定相，下相为流动相。将固定相以10mL/min的流速泵入螺旋管中至满。

（2）色谱条件

①逆流色谱仪转速：800r/min；

②流速：1.5mL/min；

③聚四氟乙烯螺旋管柱总容积为230mL。

（3）分离制备　称取400mg茶黄素粗品，溶于2mL流动相中；将茶黄素溶液注入进样环，开启速度控制器，逆时针运转螺旋管；待流动相开始流出色谱柱时，调节自动部分收集器，按每管5mL收集流出液。样品分离结束后，在380nm波长下测定各试管中溶液的吸光值，根据检测图谱合并相应组分。将各组分于40~50℃减压浓缩至黏稠状，加适量95%乙醇转溶，经冷冻干燥后得TF、TFMG和TFDG等的粗品。

6. Sephadex LH－20 纯化茶黄素单体

（1）凝胶柱的处理　称取 20g Sephadex LH－20 凝胶，200mL 蒸馏水充分溶胀后，装柱（2.5cm×30cm），用 3～5 倍柱体积的 40% 乙醇淋洗平衡柱子。

（2）纯化　将上述所得 TF、TFMG 和 TFDG 粗品，用少量 40% 乙醇溶解后，分别上柱进行纯化，用 40% 乙醇为洗脱溶剂，380nm 波长检测吸光度值，合并相应级分，各级分于 40～50℃减压浓缩至黏稠状，适量 95% 乙醇转溶，冷冻干燥后得 TF、TFMG 和 TFDG 等单体成分，称量低温避光密闭保存。

7. 茶黄素单体纯度检测

（1）高效液相色谱条件

①色谱柱：Hypersil BDS C_{18}液相色谱柱（5μm，4.6mm×250mm）；

②柱温：30℃；

③流速：1.5mL/min；

④进样量：10μL；

⑤洗脱溶剂：A 相为 2% 醋酸，B 相为乙腈；

⑥洗脱梯度：50min 内 A 相由 92% 线性变至 69%，B 相由 8% 线性变至 31%；

⑦检测波长：280nm。

（2）纯度检测　将纯化后的 TF、TFMG 和 TFDG 等单体，溶解于适量重蒸水，经 0.45μm 微孔滤膜过滤，注入高效液相色谱仪进行色谱测定。

（四）结果计算

1. 茶黄素得率计算

茶黄素得率以干态质量分数（%）表示，按式（2－56）计算：

$$\text{茶黄素得率} = \frac{m}{m_0 \times \omega} \times 100\% \qquad (2-56)$$

式中　m_0——试样质量，g

m——茶黄素成品质量，g

ω——试样干物质含量，%

2. 茶黄素单体纯度

茶黄素单体纯度按式（2－57）计算：

$$\text{茶黄素单体纯度} = \frac{m_1}{m} \times 100\% \qquad (2-57)$$

式中　m——茶黄素单体粗品质量，g

m_1——高效液相色谱测定茶黄素单体质量，g

（五）注意事项

（1）茶黄素性质活泼，易发生氧化，在提取过程中应尽量避免高温、碱性环境、重金属离子等因素引起的氧化降解。

（2）茶黄素制品易氧化，应储存在低温、低湿、避光、防潮、无氧等环境。

（3）高速逆流色谱为近年发展的一种新型液液分配技术，具有分离速度快、分离效果好、进样量大、成本低、操作简单等特点；且克服了使用固体吸附材料造成的样品不可吸附或降解等缺点，已成为茶黄素分离纯化的一种有效手段之一。

（4）由于红茶中茶黄素含量较低，直接提取茶黄素纯度不高。目前茶黄素的制备多为酶促氧化制备法，即以茶多酚为原料，在体外酶促氧化体系中进行分离制备。体外酶促氧化体系主要以多酚氧化酶（PPO）对茶多酚进行催化，通过对酶促反应体系的优化，最大限度地发挥多酚氧化酶的催化活力，使儿茶素配对氧化形成茶黄素并得到有效积累。酶促氧化制备法同红茶直接萃取法相比，茶黄素产品不仅得率高，最高可达50%以上，而且纯度较高，可制得20%以上的茶黄素粗品。

（5）Sephadex LH－20 凝胶价格昂贵，为确保 Sephadex LH－20 层析柱的使用寿命，所有的洗脱液都应经过离心或经过 0.45μm 的膜过滤以除去杂质。使用后的 Sephadex LH－20 填料，可储存在 4～8℃、pH 6.0～8.0 的环境条件下，并需加入抑菌剂（如20%乙醇、0.04%叠氮钠），切勿冷冻储存。

（6）Sephadex LH－20 在使用前的溶胀过程中，要尽量避免过分搅拌，否则会破坏球形胶粒，且要避免使用磁力搅拌器。溶胀后，控制溶胀胶体积沉淀之后占总体积的75%，上层溶剂占25%，以方便装柱。柱层析时，样品体积应控制在柱总体积的1%～2%。

实验四十二　儿茶素单体的分离制备

儿茶素属于黄烷醇类化合物，是茶树次生物质代谢的重要成分，在茶叶中的含量为12%～24%。儿茶素也是茶多酚类物质的主体成分，其含量占多酚类总量的70%～80%，对茶叶的色、香、味等品质的形成有重要作用。儿茶素是茶叶保健功能的首要成分，具有清除自由基、抗氧化、抗癌、抗突变、防辐射、抗菌抗病毒、抗过敏、减肥、预防心血管疾病和调节免疫系统等诸多生理功能，已被广泛应用于医药、食品、保健品和化妆品等多个领域。

儿茶素的分离制备方法主要有柱层析法、高速逆流色谱和制备高效液相色谱等方法。本实验采用 Sephadex LH－20 凝胶柱层析结合半制备高效液相色谱分离法制备儿茶素单体。通过本实验的学习，应了解儿茶素分离制备的基本概况，进一步熟悉儿茶素的理化特性，掌握柱层析技术、半制备高效液相色谱技术和高速逆流色谱技术的基本要领和操作方法。

（一）实验原理

儿茶素是2－苯基苯并吡喃的衍生物，其基本结构包括 A、B 和 C 三个环。根据 B 环和 C 环上连接基团的不同，儿茶素主要有以下 4 种，分别为表儿茶素（EC）、表没食子儿茶素（EGC）、表儿茶素没食子酸酯（ECG）和表没食子儿茶素没食子酸酯（EGCG），其中 EGCG 和 ECG 为主要组分，分别占儿茶素总量的50%和15%左右。儿茶素为白色固体，亲水性强，易溶于热水、含水乙醇、甲醇、含水乙醚、乙酸乙酯、含水丙酮及冰醋酸等溶剂，但在苯、氯仿、石油醚等溶剂中很难溶解。

由于儿茶素主要组分的结构和物理化学性质比较相似，为各儿茶素单体的有效分离增添了一定的难度。迄今为止，研究人员对儿茶素单体的制备方法做了大量的研究，如用 Sephadex LH－20 凝胶柱层析、吸附树脂柱层析、硅胶柱层析、高速逆流色谱和制备性高效液相色谱等方法来分离制备儿茶素。目前应用较为广泛的方法为 Sephadex LH－20 凝胶柱层析和高速逆流色谱技术。高速逆流色谱技术具有操作简单、回收率高、重现性好、分离效率高等特点，但目前市场上的高速逆流色谱仪为分析型，制备量较少，最大也仅为克级。

凝胶柱层析是利用凝胶将物质按分子大小不同进行分离的一种方法。Sephadex LH－20 是凝胶 Sephadex G－25 经羟丙基化处理后的产物，不仅可分离水溶性物质，也可分离脂溶性物质。除具备一般的分子筛作用外，Sephadex LH－20 在极性与非极性溶剂组成的混合溶剂中常常还起到反相分配色谱的作用。Sephadex LH－20 凝胶柱层析在儿茶素单体的分离制备中不仅可以较好地将酯型儿茶素和非酯型儿茶素分开，且有很好的脱咖啡因和除去杂质的作用；但是，由于 Sephadex LH－20 材料昂贵，用于大量的单体制备并不经济，且分离制备时间相对较长，生产效率较低。在儿茶素单体的分离制备过程中，对样品进行适当的前处理可有效地提高儿茶素单体分离制备的效率。

制备色谱是指采用色谱技术分离制备纯物质，即分离、收集一种或多种色谱纯物质。制备色谱可以用高效液相色谱、气相色谱、薄层色谱等多种载体。制备高效液相色谱就是将高效液相色谱所用的普通色谱柱换成制备柱。该方法分离效率好，条件易于控制，时间短，但由于高效液相色谱仪和制备性色谱柱较为昂贵，多用于实验室儿茶素的小量制备。为保持制备性色谱柱的优良性能和分离效率，对儿茶素的前处理也极为重要，制备的儿茶素可能还需要进一步经柱层析或结晶获得纯品。

（二）仪器及试剂

1. 主要仪器

分析天平、超声提取器、离心机、旋转蒸发仪、层析柱、自动部分收集器、蠕动泵、高效液相色谱仪、紫外－可见分光光度计、真空冷冻干燥机、粉碎机、分液漏斗、常规玻璃器皿等。

2. 主要试剂

（1）除另有说明外，本实验用水均为蒸馏水，所用试剂均为分析纯。

（2）甲醇、三氟乙酸为色谱纯。

（三）实验步骤

1. 试样预处理

杀青后干茶样或绿茶茶样经粉碎机粉碎，过 30 目筛，避光保存备用。

2. 提取

准确称取粉碎茶样 10g，按固液比 1:15 加入沸蒸馏水，超声浸提 20min 后，抽滤；滤渣按固液比 1:10 加入沸水，再次超声提取 15min，抽滤；合并 2 次浸提的滤液，冷却后 4000r/min 离心 15min。

3. 儿茶素粗品制备

将儿茶素浸提液用等体积乙酸乙酯萃取 3 次，合并酯层；酯层经 40 ~ 50℃ 减压浓缩，冷冻干燥，得儿茶素粗品。

4. Sephadex LH－20 凝胶柱预分离

（1）凝胶柱的处理　称取 40g Sephadex LH－20 凝胶，400mL 蒸馏水充分溶胀后，装柱（2.5cm×75cm），用3~5倍柱体积的蒸馏水淋洗平衡柱子。

（2）分离纯化　取上述儿茶素粗品1.0g，用2.0mL蒸馏水溶解后，过滤，滤液上样于已预平衡的Sephadex LH-20柱，分别用纯水和浓度为30%、45%、60%、80%丙酮溶液依次梯度洗脱，自动部分收集器收集洗脱液，调节收集器，按每管5mL收集洗脱液。样品分离结束后，在280nm波长处测定各试管中溶液的吸光值，根据检测图谱合并相应组分（组分Ⅰ，粗咖啡因；组分Ⅱ，非酯型儿茶素；组分Ⅲ，酯型儿茶素）。

5. 半制备高效液相色谱分离

（1）高效液相色谱条件

色谱柱：ODS液相色谱柱（10μm，10mm×150mm）；

柱温：25℃；

流速：5.0mL/min；

进样量：50~100mg；

检测波长：278nm；

洗脱溶剂：A相为甲醇，B相为超纯水；

组分Ⅱ的梯度洗脱条件：A相在0~34min为34%，34~39min由34%线性变化至45%并维持11min，50~55min由45%线性变化至50%并维持15min，70~73min由50%线性变化至34%并维持2min。

组分Ⅲ的梯度洗脱条件：A相在0~45min为38%，45~50min由38%线性变化至42%并维持15min，65~70min由42%线性变化至50%并维持15min，85~90min由50%线性变化至38%并维持5min。

（2）分离　组分Ⅱ或组分Ⅲ经减压浓缩至干，加少量甲醇/超纯水溶解，进样于半制备型高效液相色谱仪的ODS柱上进行分离纯化。根据色谱峰进行分部收集，组分Ⅱ分别收集10~18min（EGC）、22~32min（D-C）、50~58min（EC）的洗脱液；组分Ⅲ分别收集25~39min（EGCG）、42~61min（GCG）、63~76min（ECG）、78~81min（CG）的洗脱液。将各洗脱液分别经减压浓缩、冷冻干燥得相应儿茶素单体。

6. 儿茶素单体纯度检验

（1）高效液相色谱条件

色谱柱：Zrohax SB C_{18}色谱柱（5μm，4.6mm×150mm）；

柱温：35℃；

流速：1.0mL/min；

检测波长：278nm；

流动相：甲醇/超纯水/三氟乙酸=35/65/0.05，等梯度洗脱。

（2）纯度检测　儿茶素单体纯度检测采用高效液相色谱法。各儿茶素单体10.0mg加少量甲醇/超纯水溶解，采用高效液相色谱峰面积归一化法检验各儿茶素单体的纯度。

（四）结果计算

1. 儿茶素单体得率计算

儿茶素单体得率以质量分数（%）表示，按式（2-58）计算：

$$儿茶素单体得率 = \frac{m}{m_0} \times 100\% \quad (2-58)$$

式中　m_0——儿茶素粗品质量，g

m——儿茶素单体成品质量，g

2. 儿茶素单体纯度

儿茶素单体纯度按式（2－59）计算：

$$儿茶素单体纯度 = \frac{m_1}{m} \times 100\% \quad (2-59)$$

式中　m——儿茶素单体成品质量，g

m_1——高效液相色谱法测定儿茶素单体质量，g

（五）注意事项

（1）儿茶素性质活泼，易氧化，对碱、热、光、氧、酶等较为敏感，特别是在碱性条件下极易氧化降解。在热的作用下，儿茶素还可转变为它对应的顺反异构体。因此，在提取过程中应尽量避免高温、碱性环境等因素引起的氧化降解。

（2）儿茶素属多酚类化合物，许多与酚类络合的金属离子也能与儿茶素发生反应，如 Ag^{+}、Hg^{2+}、Cu^{2+}、Pb^{2+}、Fe^{3+} 及 Ca^{2+} 等，其中酯型儿茶素更易与 Ca^{2+} 形成沉淀，因此，在提取过程中应尽量采用去离子水、蒸馏水或三级水。

（3）儿茶素具有一定的吸湿性，应避免长时间暴露在空气中，以防吸潮氧化，且应储存在低温、低湿、避光、防潮、无氧的环境。

（4）Sephadex LH－20 凝胶价格昂贵，为确保该凝胶层析柱的使用寿命，所有的洗脱液都应经过离心或经过 0. 45μm 的膜过滤以除去杂质。使用后的 Sephadex LH－20 填料，经再生处理后储藏在适宜的环境条件下。

实验四十三　茶氨酸的分离制备

茶氨酸是茶树特有的氨基酸，约占茶树体内游离氨基酸总量的 50% 以上，是茶叶品质的重要决定因素。茶氨酸不仅具有焦糖的香味和类似味精的鲜爽味，能够抑制其他食品的苦味和辣味，可作为食品添加剂改善食品风味；茶氨酸还具有降血压、镇静安神、改善经期综合征、增强记忆等功效，可用于开发医药品、保健品和功能食品。因此，茶氨酸的市场需求越来越大，茶氨酸的制备技术受到越来越多的关注。

茶氨酸的制备方法较多，包括天然茶氨酸直接提取分离法、化学合成法、生物合成法。天然茶氨酸直接提取分离法是指直接从茶叶中提取分离，提取分离技术主要包括碱式碳酸铜沉淀法、离子交换柱层析法、纸层析法、高效液相色谱法、膜分离法等。本实验采用碱式碳酸铜沉淀法制备茶氨酸。通过本实验的学习，应了解茶氨酸分离制备的基本概况，掌握茶氨酸分离制备的原理，进一步熟悉茶氨酸的理化特性，掌握常规提取分离和体外制备技术的基本要领和操作方法。

（一）实验原理

茶氨酸属酰胺类化合物，纯品为白色针状结晶，易溶于水，不溶于无水乙醇和一些低极性的有机溶剂如乙酸乙酯、氯仿、乙醚等，在水等溶剂中的溶解度随温度升高而增大。茶氨酸化学性质稳定，在高温、酸、碱条件下，能够较长时间保持稳定不变，这为茶氨酸的提取提供了良好条件。

茶氨酸相对分子质量较小，利用热水很容易从茶叶中浸提出来，但茶叶中的茶多酚、咖啡因、可溶性糖等其他水溶性成分也同时被提取出来，给后期的分离纯化增加难度。因此，茶氨酸的提取技术不但要考虑如何减少茶氨酸的浸提时间，提高其浸出效率；同时要保证尽可能少地提出茶叶中的其他成分，以减少后续的提取纯化步骤，节约资源，降低生产成本。

碱式碳酸铜沉淀法是利用茶氨酸与碱式碳酸铜形成不溶于水的铜盐、从而与其他物质分离；在酸性条件下，该铜盐溶解，通入硫化氢除去铜离子后，即可获得茶氨酸粗品。利用茶氨酸不溶于无水乙醇的特性使其在无水乙醇中重结晶，可得到高纯度的茶氨酸产品。利用该法制备茶氨酸需要先除掉茶氨酸浸提液的蛋白质、多酚类、色素和咖啡因等杂质。通常先采用醋酸铅等除去多酚、蛋白质和部分色素，再利用 H_2S 除去过量的铅，然后加入氯仿除去咖啡因。

（二）仪器与试剂

1. 主要仪器

分析天平、恒温水浴锅、粉碎机、真空干燥箱、抽滤装置、冰箱、离心机、旋转蒸发仪、磁力搅拌器、分液漏斗、熔点测定器、常规玻璃器皿等。

2. 主要试剂及其配制

（1）除另有说明外，本实验用水均为蒸馏水，碱式碳酸铜等试剂均为化学纯。

（2）10% 乙酸铅溶液　取 25.0g 乙酸铅，加新煮沸放冷的蒸馏水超声溶解，再滴加醋酸使溶液澄清，将溶液用新煮沸放冷的蒸馏水稀释、定容至 200mL。

（3）1.0mol/L 硫酸溶液　取 5.4mL 浓硫酸，用水稀释至 1L，摇匀。

（4）0.05mol/L 氢氧化钡溶液　称取 8.568g 氢氧化钡固体，用水溶解后稀释、定容至 1L，摇匀。

（5）0.1mol/L 氢氧化钠溶液　称取 4.000g 氢氧化钠固体，用水溶解后稀释、定容至 1L，摇匀。

（三）实验步骤

1. 试样预处理

茶样经粉碎机粉碎，过 30 目筛，避光保存备用。

2. 提取

准确称取 20.00g 经磨碎混匀后的茶叶样品，按料液比 1/6（质量体积比）加入蒸馏水，60℃水浴浸提 3h，趁热抽滤；滤渣按料液比 1/5（质量体积比）加入蒸馏水，60℃水浴再浸提一次，趁热抽滤，合并滤液。

3. 乙酸铅沉淀

向滤液中一滴一滴地加入 10% 乙酸铅溶液，脱除蛋白质及多酚类等物质，直至加入乙酸铅溶液时不再产生沉淀为止，用 0.1mol/L 氢氧化钠调节溶液 pH 至 9.0，再滴入 1~2 乙酸铅溶液，静置离心。向上清液中通入适量 H_2S，除去过量的铅。

4. 三氯甲烷萃取

将脱铅后溶液用旋转蒸发仪真空浓缩至 1/3 体积；将浓缩液移至分液漏斗，加入等体积三氯甲烷萃取咖啡因，静置分层，取水层重复萃取一次；水层置 4℃冰箱过夜。

5. 碱式碳酸铜沉淀

取上清液于 70℃水浴中加热，搅拌下加入碱式碳酸铜，茶氨酸铜盐沉淀析出，离心，收集铜盐，用蒸馏水洗涤。

6. 酸转溶

将上述铜盐溶于 1mol/L 稀硫酸溶液中，通入足量硫化氢除去铜离子，再加入适量 $Ba(OH)_2$溶液除去硫酸根离子，离心，取上清液。

7. 浓缩干燥

上清液经减压浓缩、再经真空干燥，得茶氨酸粗品。

8. 重结晶

将茶氨酸粗品用极少量的水经加热溶解，冷却后加入 4 倍体积冷无水乙醇，0℃冷藏 24h，茶氨酸结晶析出，4℃、8000r/min 离心得茶氨酸。如此反复多次，可得到茶氨酸纯品。

9. 纯度鉴定

将茶氨酸晶体置于干燥箱中烘干脱去结晶水，再用熔点测定器测定其熔点。纯品茶氨酸熔点为 217～218℃。如果熔点过高或过低，则说明纯度不够，须进一步重结晶。

（四）结果计算

茶氨酸得率以干态质量分数（%）表示，按式（2－60）计算：

$$\text{茶氨酸得率} = \frac{m}{m_0 \times \omega} \times 100\% \qquad (2-60)$$

式中 m_0——试样质量，g

m——茶氨酸成品质量，g

ω——试样干物质含量，%

（五）注意事项

（1）碱式碳酸铜沉淀法制备茶氨酸，既能用于工业生产，又适合实验室少量制备；但是该法不仅得率较低，且需要使用有毒溶剂氯仿，还需要引入有害的重金属离子 Pb^{3+}，有明显不足之处。

（2）用碱式碳酸铜沉淀法制备所得茶氨酸，用无水乙醇重结晶，反复多次，可得到茶氨酸纯品。

（3）蛋白质和乙酸铅的反应条件是蛋白质必须为阴离子，这样才可以和阳离子铅结合，产生沉淀。溶液 pH 越高，蛋白质成为阴离子的趋势越大，越容易和铅离子结合。因此，在碱式碳酸铜沉淀法中，沉淀蛋白质时应控制溶液为碱性。

（4）茶氨酸分离制备中所用水源建议采用去离子水、蒸馏水或三级水，以免影响分离纯化的效果。

（5）从茶叶中直接提取茶氨酸，原料成本高，不具备产业化价值。提取茶多酚后的工业废液中含有大量茶氨酸，以茶多酚工业废液为原料提取茶氨酸，可以低成本获取具有高价值的茶氨酸。

实验四十四　茶皂素的分离制备

茶皂素又称茶皂苷，是一类齐墩果烷型五环三萜类皂苷的混合物。茶皂素具有乳化、分散、湿润、发泡、稳泡等多种表面活性，是一种性能良好的天然表面活性剂；茶皂素还有抗菌、杀虫、消炎、镇痛等药理作用，可用于开发乳化剂、洗涤剂、发泡剂、防腐剂、杀虫剂等多种产品。茶皂素广泛分布于茶树的叶、根、种子等各个部位，其中以茶籽含量最高，占茶籽干物质质量的4%~6%。目前我国茶树种植面积将达300万hm^2，估计年产茶籽30万t以上，可见茶籽是茶皂素工业化生产最重要的原料来源。

本实验采用水提-醇萃法分离制备茶皂素。通过学习茶皂素分离制备的方法，应了解茶皂素分离制备的基本工艺，熟悉茶皂素的理化特性，掌握茶皂素常规分离制备的基本要领和操作方法。

（一）实验原理

茶皂素属于齐墩果烷型五环三萜类皂苷，由皂苷元（即配基）、糖体和有机酸三部分组成。纯的茶皂素固体为白色微细柱状结晶。茶皂素结晶易溶于热水、含水甲醇、含水乙醇、正丁醇以及冰醋酸、醋酐和吡啶中，难溶于冷水、无水乙醇、无水甲醇，不溶于乙醚、氯仿、石油醚及苯等非极性溶剂。茶皂素的水溶液能被醋酸铅、盐基性醋酸铅和氢氧化钡所沉淀，析出云状物。

茶皂素的提取是根据茶皂素的溶解特性展开的。常见的茶皂素浸提方法主要有热水浸提法、有机溶剂浸提法、超声波辅助浸提法、超临界CO_2提取法等。

从茶籽中提取的茶皂素粗品纯度一般较低，应用范围有限，需要进一步纯化。常用的纯化技术有沉淀分离法、溶剂萃取法和树脂层析法。沉淀分离法是利用沉淀剂与茶皂素反应形成沉淀而与其他杂质分离，从而达到纯化茶皂素的目的。常用的沉淀剂主要有氧化钙、醋酸铅等。溶剂萃取法是利用茶皂素在冷水、热水和含水乙醇等溶剂中的溶解度差异来纯化茶皂素的一种方法。茶皂素是一种非离子型极性物质，常选用中性大孔吸附树脂来分离纯化茶皂素。以大孔吸附树脂为吸附剂，利用其对不同成分的选择性吸附和筛选作用，选用适宜的吸附和解吸条件借以分离、纯化某一或某一类物质。

（二）仪器与试剂

1. 主要仪器

分析天平、恒温水浴锅、粉碎机、恒温干燥箱、回流冷凝管、抽滤装置或离心机、旋转蒸发仪、磁力搅拌器、自动部分收集器、蠕动泵、层析柱、真空冷冻干燥机、常规玻璃器皿等。

2. 主要试剂及其配制

（1）除另有说明外，本实验用水均为蒸馏水，所用试剂均为化学纯。

（2）1%壳聚糖溶液　称取1g壳聚糖，溶于少量1%醋酸溶液中，用水稀释、定容至100mL。

（三）实验步骤

1. 试样预处理

茶籽饼粕经烘干后用粉碎机粉碎至1~2mm的小颗粒，保存备用。

2. 脱脂

准确称取粉碎后的茶籽饼粉10g，用滤纸筒包好后装入索氏抽提器内，加入100mL石油醚，水浴上回流提取4h，控制石油醚回流速度为120滴/min，直至提取器部位的溶剂无色为止。取出滤纸筒，晾干除去石油醚。

3. 提取

将脱脂后残渣置于圆底烧瓶中，加入200mL蒸馏水，水浴回流提取2h，抽滤；将滤渣重新提取一次，合并滤液。

4. 絮凝剂除杂

向上述滤液中加入适量壳聚糖（按0.5g/L），加热水流0.5h，静置过夜，离心去除蛋白质、色素等杂质，取滤液备用。

5. 浓缩

将絮凝除杂后滤液用旋转蒸发仪真空浓缩至浆状物。

6. 转萃提纯

将上述浆状物冷却后用95%乙醇萃取。

7. 浓缩

将乙醇萃取液用旋转蒸发仪真空浓缩回收乙醇。

8. 干燥

收集圆底烧瓶内的茶皂素浆液，于50~60℃真空干燥，称量。

（四）结果计算

1. 茶皂素得率计算

$$\text{茶皂素得率} = \frac{m}{m_0 \times \omega} \times 100\% \qquad (2-61)$$

式中 m_0——试样质量，g

m——咖啡因成品质量，g

ω——试样干物质含量，%

2. 咖啡因纯度的测定

茶皂素纯度测定参照高效液相色谱法测定茶皂素的含量。

（五）注意事项

（1）采用热水提取茶皂素，尽管工艺简单，生产成本低，但生产能耗高、生产周期长，且所得到的茶皂素产品纯度低、颜色深、质量差，后续纯化困难。

（2）采用有机溶剂来提取制备茶皂素，常用含水甲醇或含水乙醇作为溶剂，也可用无水甲醇、无水乙醇或者辅助使用正戊醇、正丁醇等低级醇。由于甲醇有毒性，大多用含水乙醇作为浸提剂。用有机溶剂提取茶皂素，产品纯度相对高，但有机溶剂消耗大，成本高，工艺复杂，设备要求高。

（3）水提-醇萃法综合了水提法、有机溶剂法、水提-沉淀法三者优点，根据茶皂素易溶于热水和乙醇，不溶于冷水的性质，用热水作为浸提剂，而后于浸提液中加入絮凝剂，沉淀除杂冷却后，再用95%乙醇转萃提纯的一种方法。该法工艺较为简单，且有投资少、收率和纯度高等特点，是目前较为理想的生产工艺。

（4）在提取茶皂素的生产过程中，生产设备应采用不锈钢设备或内衬搪瓷的设备，以免产品中带入金属离子，影响脱色效果及产品的质量。

（5）茶皂素在分离制备过程中，容易引起美拉德反应，故应在浸提、浓缩、干燥等工序避免高温情况，以减少色变的概率。在分离制备过程中，为避免发泡情况的发生，应选用含醇的有机溶剂进行浸提。

（6）成品茶皂素具有一定的吸湿性，应避免长时暴露在空气中，以防吸潮氧化。

实验四十五　茶多糖的分离制备

茶多糖是茶叶中具有生物活性的复合多糖的总称，是一类与蛋白质结合在一起的酸性多糖或酸性糖蛋白。茶多糖具有降血糖、降血脂、抗血凝、抗血栓、增强机体免疫功能等药理功效，在食品、医药、保健等领域具有良好的应用前景。

茶多糖约占茶叶干物质质量的1.0%～3.5%，而且老叶比嫩叶含量高。茶多糖的组成与含量因茶树品种、茶园管理水平、采摘季节、原料老嫩度及加工工艺的不同而不同，进而影响其生物活性。

通过本实验的学习，应了解茶多糖分离制备的基本工艺，进一步熟悉茶多糖的理化特性，掌握常规提取分离和柱层析技术等基本要领和操作方法。

（一）实验原理

茶多糖为水溶性多糖，易溶于热水，在沸水中溶解性更好，但不溶于高浓度的有机溶剂，如醇、醚、丙酮等，一般也不溶于冷水，有的即使能溶解，也只能形成胶体溶液。茶多糖稳定性差，在高温、过酸或碱性条件下茶多糖会降解，导致其活性降低或丧失。茶多糖还可与多种金属元素络合形成茶多糖复合物。因此，茶多糖的制备技术相对比较困难。

茶多糖制备的基本工艺流程包括提取、沉淀、脱蛋白、脱色、分离纯化和干燥步骤。

提取茶多糖最常用的方法为水提法与醇提法。从生产成本和安全性考虑，水是最合适的提取溶剂。水提法主要有单一提取法和有效成分综合提取法两种，为节约成本和充分利用茶叶资源，常采用的是有效成分综合提取法，即在提取多糖的同时，提取茶多酚和咖啡因。水提法有利于保持茶多糖的生理活性，但提取温度不宜过高。

茶多糖的沉淀是利用茶多糖不溶于低级醇（乙醇或甲醇）、丙酮、季铵盐等物质的特性来沉淀茶多糖，使之从溶液中分离出来。由于乙醇比较安全，且方便回收利用，因此利用乙醇沉淀是目前应用最广的茶多糖沉淀技术。

利用乙醇、丙酮或季铵盐沉淀剂沉淀得到的粗多糖因含有较多杂质，需要进行脱蛋白、脱色等一系列处理。茶多糖常用的脱蛋白方法有Sevag法（氯仿和正丁醇复合溶剂）、三氟三氯乙烷法和三氯乙酸法，这些方法的原理均是使蛋白质变性后沉淀而多糖不沉淀，其中 Sevag 法脱蛋白效果较好。茶多糖脱色方法有活性炭柱色谱、离子交换柱色谱、纤维素色谱、凝胶柱色谱、大孔树脂色谱、金属络合法和吸附法。

茶叶中含有多种色素物质，茶多酚的氧化也会使颜色加深，因此，提取出来的粗茶多糖颜色一般较深，需要进行脱色处理。茶多糖常用的脱色技术主要有吸附法、离子交换法和氧化法等。吸附法常用活性炭、硅胶、大孔吸附树脂等为脱色吸附剂，特别是大孔吸附树脂，不仅能有效去除浸提液中的色素杂质，还能对茶多糖进行初步分级，在茶多糖脱色中应用较广。茶多糖的氧化脱色主要是利用双氧水中过氧化氢根离子的氧化和漂白作用去除茶多糖中的色素物质。利用双氧水脱色，操作简单，脱色效果好，但因反应剧烈，可能存在部分茶多糖降解的问题。茶多糖也可利用离子交换法来脱色，一般多采用二乙氨基乙基纤维素（DEAE - 纤维素）树脂作离子交换剂。该方法脱色率高，且兼有多糖分级作用，但是由于 DEAE - 纤维素柱容易污染、再生困难，而纤维素价格昂贵，实验成本高，一般也只在理论研究中应用。

经脱蛋白、脱色等处理后获得的茶多糖粗品，不仅还含有部分杂质，且是由化学组成、聚合度等差异较大的组分形成的混合物，还需要进一步纯化和分级。常用的茶多糖纯化分级方法有分步沉淀、超滤和柱层析等。

分步沉淀是利用不同性质以及不同聚合度的茶多糖在不同浓度溶剂中溶解度的不同而分离，包括有机溶剂沉淀法和季铵盐沉淀法。超滤是利用不同规格的超滤膜按分子大小差异将茶多糖样品分级和纯化。

纯化茶多糖的柱层析主要有离子交换柱层析和凝胶柱层析。离子交换柱层析主要是利用各种分子表面电荷分布的差异以及离子的净电荷不同而进行选择性分离。凝胶柱层析是根据多糖分子的大小和形状不同进行分离。在茶多糖分级纯化过程中，一般先采用离子交换层析进行初步脱色分级，再使用凝胶柱层析进一步分级纯化。

茶多糖的干燥方法一般为冷冻干燥、真空干燥和喷雾干燥，冷冻干燥由于成本过高，工业化生产使用较少。

（二）仪器与试剂

1. 主要仪器

分析天平、恒温水浴锅、粉碎机、回流冷凝管、抽滤装置或离心机、旋转蒸发仪、磁力搅拌器、自动部分收集器、蠕动泵、层析柱、真空冷冻干燥机、常规玻璃器皿等。

2. 主要试剂及其配制

（1）除另有说明外，本实验用水均为蒸馏水，所用试剂均为化学纯。

（2）10% 醋酸铅溶液　称取 11.662g 三水合醋酸铅 [$(CH_3COO)_2Pb \cdot 3H_2O$] 于烧杯中，先用少量醋酸溶解，再加水稀释、定容至 100mL。

（3）Sevag 试剂　将 5 份氯仿与 1 份正丁醇混合均匀。

（三）实验步骤

1. 试样预处理

茶样经粉碎机粉碎，过 30 目筛，避光保存备用。

2. 提取

准确称取 20.00g 粉碎茶样于磨口圆底烧瓶中，向烧瓶内加入蒸馏水溶液 200mL，连接回流冷凝管，水浴加热回流浸提30min，趁热抽滤；滤渣再重复浸提2次，合并浸提液，即得茶提取液。

3. 沉淀

茶提取液用旋转蒸发仪真空浓缩至1/3体积后，将茶浓缩液倒入烧杯中，边缓慢搅拌边加入3倍体积95%乙醇，静置使茶多糖充分沉淀，离心，收集沉淀物，沉淀物依次用无水乙醇、丙酮各洗涤3次，真空低温干燥，得茶多糖粗制品。

4. 脱蛋白

将茶多糖粗制品用60mL热水溶解，加入1/5体积的Sevag试剂，室温下磁力搅拌30min，静置2h，出现白色乳浊液，6000r/min离心20min，取上清多糖溶液。

5. 膜过滤

将上述多糖溶液通过0.1~0.3μm滤膜，脱除小分子杂质（也可用透析法透析）。

6. 分级纯化

将脱除小分子杂质后的溶液先用旋转蒸发仪真空浓缩至5~10mL，再将浓缩液上样于已处理平衡好的DEAE-52纤维素柱（2.6cm×50cm），用0~1.0mol/L NaCl溶液梯度洗脱，以自动部分收集器收集洗脱液，每管2mL，于波长280nm测定洗脱液吸光度值。以洗脱液吸光度值对洗脱液体积作图，得到洗脱曲线，收集单一峰处洗脱液，经旋转蒸发仪真空浓缩、冷冻干燥得纯度相对较高的茶多糖。

7. 茶多糖纯度测定

茶多糖纯度测定采用蒽酮-硫酸法检测茶多糖中糖的含量，以该含量占茶多糖总量的比来计算。

（四）结果计算

1. 茶多糖得率

$$\text{茶多糖得率} = \frac{m}{m_0 \times \omega} \times 100\% \tag{2-62}$$

式中 m_0——试样质量，g

m——茶多糖成品质量，g

ω——试样干物质含量，%

2. 茶多糖纯度

$$\text{茶多糖纯度} = \frac{m_1}{m} \times 100\% \tag{2-63}$$

式中 m——茶多糖成品质量，g

m_1——以葡萄糖为标准计，茶多糖成品中糖的质量，g

（五）注意事项

（1）由于茶多糖稳定性差，高温会导致茶多糖降解而降低活性，故用热水提取茶多糖时，可适当降低提取温度，防止糖苷键水解。茶多糖的提取可用冷水为溶剂，但茶多糖的得率很低。

（2）茶多糖在过酸或碱性条件下稳定性差，故提取茶多糖时应避免在强酸、强碱溶液中进行，否则易使茶多糖中糖苷键断裂及构象变化，从而失去或降低生物活性。

（3）用 Sevag 试剂脱蛋白时，对多糖的结构影响不大，但脱蛋白效率不高，往往要重复几次才能达到较好效果。

（4）茶多糖的干燥可采用真空干燥、喷雾干燥、冷冻干燥等方法，但由于多糖较黏着，喷雾干燥较困难，冷冻干燥成本过高，故工业化生产多使用真空干燥；在实验室研究时，多采用冷冻干燥。

（5）成品茶多糖制品具有一定的吸湿性，应避免长时间暴露在空气中，以防吸潮氧化；且应储存在低温、低湿、避光、防潮、无氧的环境。

（6）工业化生产茶多糖时，一般采用有效成分综合提取法提取茶多糖粗品，再进行茶多糖的分离纯化，有利于节约成本和资源的充分利用。

附录

附录一 36种农药的保留时间、定量离子、定性离子及定量离子与定性离子丰度比值表

序号	中文名称	保留时间/min	定量离子（m/z）	定性离子（m/z）		
1	敌敌畏	5.7	109（100）	145（8）	185（28）	220（5）
2	甲胺磷	6.4	94（100）	95（56）	141（36）	126（7）
3	乙酰甲胺磷	8.9	94（100）	95（50）	136（200）	142（22）
4	甲拌磷	11.3	121（100）	75（335）	97（85）	231（27）
5	δ-六六六	11.7	219（100）	181（111）	183（107）	217（78）
6	γ-六六六	13.15	183（100）	219（95）	221（48）	254（11）
7	β-六六六	13.6	219（100）	181（122）	254（21）	217（84）
8	异稻瘟净	13.8	91（100）	204（56）	246（6）	
9	乐果	14.0	87（100）	93（54）	125（46）	229（8）
10	八氯二丙醚	14.4	132（100）	109（32）	130（99）	
11	α-六六六	14.8	219（100）	183（109）	221（53）	254（21）
12	毒死蜱	16.4	314（100）	197（190）	258（54）	286（44）
13	杀螟硫磷	16.7	277（100）	109（71）	125（86）	260（60）
14	三氯杀螨醇	17.25	139（100）	141（32）	250（11）	252（13）
15	水胺硫磷	18.2	136（100）	230（9）	289（10）	
16	α-硫丹	18.7	241（100）	265（70）	277（64）	339（58）
17	喹硫磷	18.9	146（100）	156（41）	157（67）	298（22）
18	p,p'-滴滴伊	19.6	318（100）	246（145）	248（93）	316（81）
19	o,p'-滴滴伊	19.8	318（100）	246（145）	248（93）	316（81）
20	噻嗪酮	20.0	105（100）	172（54）	249（16）	305（24）
21	o,p'-滴滴涕	21.7	235（100）	165（43）	199（14）	237（65）

续表

序号	中文名称	保留时间/min	定量离子（m/z）	定性离子（m/z）		
22	p,p'-滴滴涕	21.8	235（100）	165（43）	199（14）	237（65）
23	β-硫丹	22.1	241（100）	265（62）	339（71）	
24	联苯菊酯	23.2	181（100）	165（31）	166（32）	
25	三唑磷	24.4	161（100）	172（35）	257（13）	285（7）
26	甲氰菊酯	24.8	181（100）	209（25）	265（36）	349（13）
27	氯氟氰菊酯	25.6	181（100）	197（70）	208（43）	141（27）
28	苯硫磷	26.0	157（100）	169（63）	323（13）	
29	三氯杀螨砜	26.9	159（100）	227（50）	354（31）	356（41）
30	氯菊酯	28.2；28.5	183（100）	163（23）	165（20）	255（3）
31	蝰螨酮	28.6	147（100）	117（12）	309（6）	364（5）
32	氯氰菊酯	30.0；30.2；30.4	163（100）	152（23）	181（16）	
33	氟氰戊菊酯	30.1；30.5	199（100）	157（75）	451（12）	
34	氟胺氰菊酯	31.0；31.2	250（100）	181（26）	252（33）	
35	氰戊菊酯	32.2；32.8	167（100）	181（58）	225（86）	419（64）
36	溴氰菊酯	34.5	181（100）	172（30）	174（28）	253（58）

附录二　36种农药选择离子监测分组和选择离子表

序号	时间范围/min	选择离子（m/z）
1	5.25～6.92	109，220，185，94，126，141
2	6.92～9.38	136，94，142
3	9.38～12.26	121，231，260，219，181，183，217
4	12.26～15.40	183，254，221，219，217，181，91，246，204，87，229，125，109，130，132
5	15.40～20.55	314，258，288，277，109，125，260，139，141，250，353，289，183，253，136，230，241，265，339，146，298，157，246，318，316，248，105，172，305
6	20.55～22.58	235，165，237，199，241，265，339
7	22.58～26.44	181，166，165，139，251，253，161，172，257，265，349，197，141，208，157，323，169
8	26.44～27.47	159，227，356
9	27.47～29.18	183，163，255，147，364，117
10	29.18～33.07	163，152，181，199，157，451，250，252，167，225，419
11	33.07～34.98	181，174，172

参考文献

［1］曹世娜，孙强，黄纪念，等. 芝麻脂肪氧化酶活性测定［J］. 河南农业科学，2017，46（11）：48－51.

［2］丁晓雯，李诚，李巨秀. 食品分析［M］. 北京：中国农业大学出版社，2016.

［3］郭蔼光，郭泽坤. 生物化学实验技术［M］. 北京：高等教育出版社，2007.

［4］韩兰兰. 果胶酶的分离纯化和癌胚抗原在乳酸菌表面的展示［D］. 济南：山东大学，2012.

［5］胡晓燕，张孟业. 生物化学学与分子生物学实验技术［M］. 济南：山东大学出版社，2005.

［6］黄晓钰，刘邻渭. 食品化学与分析综合实验［M］. 北京：中国农业出版社，2009.

［7］黄意欢. 茶学实验技术［M］. 北京：中国农业出版社，1997.

［8］孔祥生，易现峰. 植物生理学实验技术［M］. 北京：中国农业出版社，2008.

［9］李合生. 植物生理生化实验原理和技术［M］. 北京：高等教育出版社，2000.

［10］李涵，郭兴启. 生物化学实验技术原理和方法［M］. 北京：中国农业出版社，2013.

［11］刘邻渭，雷红涛. 食品理化分析实验［M］. 北京：科学出版社，2016.

［12］刘约权，李贵深. 实验化学（上）［M］. 北京：高等教育出版社，2003.

［13］商业部茶叶畜产品，商业部杭州茶叶加工研究所. 茶叶品质理化分析［M］. 上海：上海科学技术出版社，1989.

［14］沈萍，陈向东. 微生物学实验［M］. 北京：高等教育出版社，2007.

［15］吴静利. 高产果胶酶细菌的分离及酶的分离纯化［D］. 西安：西北农林科技大学，2016.

［16］张正竹. 茶叶生物化学实验教程［M］. 北京：中国农业出版社，2009.

［17］赵斌，何绍江. 微生物学实验［M］. 北京：科学出版社，2002.